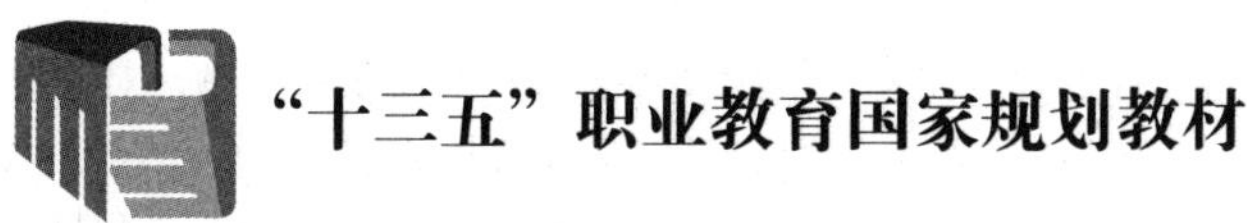

5G基站建设与维护

（初级）

主　编　田　敏　吴建宁

京理工大学出版社
TITUTE OF TECHNOLOGY PRESS

内 容 简 介

本书的架构是从系统设计的角度出发，紧扣5G基站建设与维护的主题，对建设和维护的整体流程进行了详细的介绍。本书一共分为4个项目，项目1是5G基础理论知识，主要简述了5G的应用场景、网络架构等；项目2是5G基站设备安装，主要讲述5G基站设备硬件架构、5G基站工程勘察等；项目3是5G基站硬件测试，主要由5G基站设备加电、5G硬件测试等组成；项目4是5G基站设备验收，多方共同对基站验收。通过本书整体的系统的学习，使读者对整体5G基站安装有一定的把控力。

本书适合计算机、通信等领域相关的院校教师教学用书以及初始从业人员学习使用。

图书在版编目（CIP）数据

5G基站建设与维护：初级/田敏，吴建宁主编.—北京：北京理工大学出版社，2020.8（2021.6重印）

ISBN 978-7-5682-8732-6

Ⅰ.①5…　Ⅱ.①田…②吴…　Ⅲ.①无线电通信－移动网　Ⅳ.①TN929.5

中国版本图书馆CIP数据核字（2020）第129083号

出版发行／北京理工大学出版社有限责任公司
社　　址／北京市海淀区中关村南大街5号
邮　　编／100081
电　　话／（010）68914775（总编室）
　　　　　（010）82562903（教材售后服务热线）
　　　　　（010）68948351（其他图书服务热线）
网　　址／http://www.bitpress.com.cn
经　　销／全国各地新华书店
印　　刷／河北盛世彩捷印刷有限公司
开　　本／787毫米×1092毫米　1/16
印　　张／10.5
字　　数／265千字
版　　次／2020年8月第1版　2021年6月第2次印刷
定　　价／48.00元

责任编辑／张荣君
文案编辑／张荣君
责任校对／周瑞红
责任印制／边心超

1+X 证书制度试点培训系列教材
编委会

编写组

主　编　田　敏　吴建宁

副主编　刘兴一　苏建良　陈芳芳

编　委　王　晨　陈章余　阚晓清　刘　波

前言

2019年6月6日，工业和信息化部正式向中国电信、中国移动、中国联通、中国广电发放第五代移动通信（5G）商用牌照，标志着中国正式进入5G时代。5G系统的三大推动力（或称为三大场景：增强性大带宽、海量物联网连接和超高可靠超低时延），驱动着5G的快速发展。5G的快速发展离不开基础设施的建设，5G的基础设施就是基站建设及后期的维护。

2020年年初，新型冠状病毒肺炎疫情席卷了中华大地，但是不能阻挡5G的发展之路。在2020年的春天，我国提出总投资金额达到34万亿元的“新基建”概念，5G建设也被纳入其中。借此春风，中国移动宣布要建设30万个5G基站，中国电信和中国联通宣布要联合建设25万个5G基站。而社会上，5G基站的建设与维护的专业人才紧缺。面对这种情况，信雅达信息科技有限公司响应国家号召，参加1+X项目，向学校和社会推出了5G基站建设与维护教材，包含初、中、高3个等级的课程。

《5G基站建设与维护（初级）》的架构是从系统设计的角度出发，紧扣5G基站建设与维护的主题，对建设和维护的整体流程进行了详细的介绍。本书一共分为4个项目，其中项目1是5G的基础理论知识，主要讲述了5G的技术特点、三大应用场景，以及5G系统的网络架构；项目2是5G基站设备安装，主要讲述了5G基站硬件架构图、5G基站工程勘察、5G基站设备清点、5G基站设备安装和线缆布放；项目3是5G基站硬件测试，主要对项目2安装的设备进行自检，包括5G基站设备上电、5G硬件测试和5G基站部件更换；项目4是5G基站设备验收，主要是验收准备、设备验收和编制验收资料。从勘察、安装、测试的角度，整体地、系统地学习，使学生学习思路清晰，对整体5G基站安装有一定的把控力，同时建议学生学习中级和高级课程，中高级课程不仅包含了初级的内容，还有基站业务开通、维护和排障的内容。同时，特别设计了5G仿真软件，主要针对勘察、安装、测试、开通业务、维护和排障的内容进行仿真。

本书的撰写依托 1+X 5G 基站建设与维护证书标准制定小组，集合了多名运营商、院校及通信厂家的工作一线的资深专家。

随着 3GPP 版本的演进，在未来的 R16\R17 版本中，5G 基站还将引入更多的新技术对现有的基站进行优化，截至本书成书之时，部分技术方案还在不断演进，我们也将随时关注技术动态，进一步补充和修正本书的内容。书中的不当之处，敬请读者和专家批评指正。

编写组

目录

项目 1 5G 的基础理论知识

项目概述

本项目是5G基站建设和维护初级需要掌握的基础理论知识，是后续进行相关建设与维护任务的必要内容，学生通过学习和掌握5G的技术特点（高速率、低时延、大连接等）、认识5G系统的网络架构（组网方式、设备结构和功能接口），对5G基站在网络中的位置及所起到的相关作用有明确清晰的了解。

项目目标

- 了解5G的技术特点和三大应用场景。
- 绘制5G系统的网络架构图。

知识地图

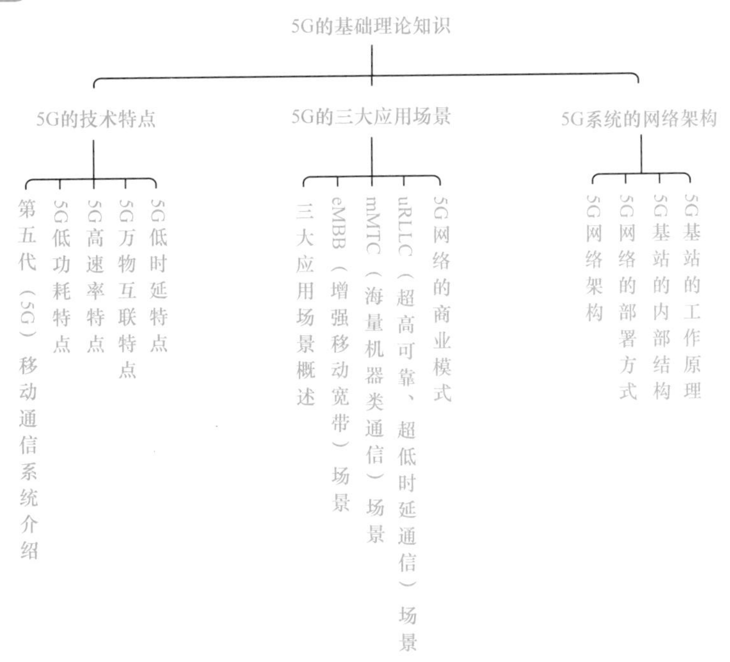

任务 1　5G 的技术特点

课前引导

移动通信发展是跟随不断增长的客户需求而变化的，从最早的模拟网仅能提供语音通话，到 2G、3G 和 4G 网络在原有语音服务的基础上逐步提供了越来越丰富的数据业务服务，5G 到底为什么会出现？5G 的特点是什么？5G 的网络结构是什么？这就是本节需要了解的内容。

任务描述

通过本任务的学习，熟悉 5G 移动系统的发展，了解 5G 移动通信系统的技术特点，即 5G 高速率（峰值速率能达 10Gbps 以上，用户体验速率在 100Mbps 以上）、万物互联（连接密度达到每平方千米 100 万个终端）、低时延（空口时延 1ms，端到端时延 10ms 左右）等多方面的技术优势。掌握 5G 的技术特点，将对后续的应用场景学习打下坚实的基础。

任务目标

- 了解 5G 移动通信系统的低功耗特点。
- 了解 5G 移动通信系统的高速率特点。
- 了解 5G 移动通信系统的万物互联特点。
- 了解 5G 移动通信系统的低时延特点。

知识准备

1.1.1 第五代（5G）移动通信系统介绍

移动通信已经深刻地改变了人们的生活，但人们对更高性能移动通信的追求从未停止。为了应对未来爆炸性的移动数据流量增长、海量的设备连接、不断涌现的各类新业务和应用场景，第五代移动通信（5G）系统应运而生。2017 年 12 月 21 日，在国际电信标准组织 3GPP RAN 第 78 次全体会议上，5G NR 首发版本正式冻结并发布。5G 将渗透到未来社会的各个领域，以用户为中心构建全方位的信息生态系统。5G 将使信息突破时空限制，提供极佳的交互体验，为用户带来身临其境的信息盛宴；5G 将拉近万物的距离，通过无缝融合的方式，便捷地实现人与万物的智能互联。5G 将为用户提供光纤般的接入速率，“零”时延的使用体验，千亿设备的连接能力，超高流量密度、超高连接数密度和超高移动性等多场景的一致服务，业务及用户感知的智能优化，同时将为网络带来超百倍的能效提升和超百倍的比特成本降低，最终实现“信息随心至，万物触手及”的总体愿景。

除了为个人无线通信服务提速，5G 还会对包括室内 / 外无线宽带部署、企业团队培训 / 协作、VR/AR、资产与物流跟踪、智能农业、远程监控、自动驾驶汽车、无人机及工业和电力自动化等 21 个领域造成影响。但是若将眼光放得更长远一些，从技术成熟度的角度考虑，目前还没有发现特别清晰的技术。未来一定会出现新的通信系统，会在诸如网速或稳定性上超越 4G 、5G ，但新的系统设计目标目前是没有办法确定的。新的通信系统由 Use Case 驱动，即根据用户潜在需求进行设计，而并非传统的由技术进行驱动，不过就目前而言，移动互联网的演进还是无线通信的发展方向之一。

移动互联网和物联网作为未来移动通信发展的两大主要驱动力，为 5G 提供了广阔的应用前景。面向未来，数据流量的千倍增长、千亿设备连接和多样化的业务需求都将对 5G 系统的设计提出严峻挑战。与 4G 相比，5G 将支持更加多样化的场景，融合多种无线接入方式，并充分利用低频和高频等频谱资源。同时，5G 还将满足网络灵活部署和高效运营维护的需求，能大幅提升频谱效率、能源效率和成本效率，实现移动通信网络的可持续发展。

1.1.2 5G 低功耗特点

5G 的另一特点是低功耗，随着移动通信领域从仅能支持语音业务逐步向支持数据业务转变，甚至发展到移动宽带业务，用户设备开始向智能化方向发展，智能终端最大的瓶颈就是终端设备电池的续航能力，它受限于电池技术的瓶颈。现在大部分智能终端都需要每天充电，对于智能终端用户来说，充电和更换电池是比较容易实现的。

5G 不仅能支持用户智能终端设备，还将广泛地应用于物联网领域，对于物联网终端来说，它们主要是用来采集数据及向网络层发送数据，担负着数据采集、初步处理、加密、传输等多种功能，多数物联网终端不具备直接供电的条件，只能采用电池供电，并且多数物联网终端对体积还有严格的要求。由于材料技术的限制电池能量密度无法出现突破性的提升，导致设备电池容量受限于设备体积。

进一步在企业级应用中，很多物联网终端既不方便充电，也不方便经常更换电池，因此延长电池供电寿命已成为物联网终端设备设计的关键要求之一。5G 技术将物联网设备功耗降低，部分物联网终端的电池供电寿命设计达 5 ～ 10 年，甚至更长。这样大大地改善了物联网用户的感知和体验，促进了物联网产业更好的发展。

1.1.3 5G 高速率特点

5G 网络的峰值速率达 10Gbps 以上，目前最新技术标准下 5G 网络峰值速率将达到 20Gbps，下载一个超高清视频只需几秒钟。在用户体验速率方面，5G 网络的用户感知速率从 100Mbps 到 1Gbps 以上，而 4G 网络在这个方面只能达十几到几十兆比特每秒的速率，更不要说 3G 网络的几兆比特每秒，2G 网络的几十千比特每秒，在 5G 网络中通过用户体验速率大幅度提高才能实现高清视频的流畅体验，5G 网络通过比 4G 超过 10 倍以上的速率给 4K 以上的视频播放、VR 虚拟现实技术和 AR 增强现实技术的实现提供了便利的条件，尤其是在推广 VR 和 AR 应用条件之下，通过 5G 高速率的特点，减少 VR 和 AR 的视频延迟，减少用户的眩晕感，利用超高清画面、超高刷新率能极大地提高用户的浸入式体验。

1.1.4 5G 万物互联特点

5G 网络每平方千米支持终端数量达到了 100 万个。未来接入到网络中的终端，不仅是今天广泛使用的手机，还会有更多千奇百怪的产品。可以说，人们生活中每一个产品都可以通过 5G 接入网络。例如，日常生活中所使用的眼镜、手机、衣服、腰带、鞋子接入网络，成为智能产品；家中的门窗、门锁、空气净化器、新风机、加湿器、空调、冰箱、洗衣机经过智能化的设计，通过 5G 接入网络成为智能家居；社会生活中大量以前不可能联网的设备也会进行联网工作，如停车位、井盖、电线杆、垃圾桶这些公共设施，以前管理起来非常困难，未来随着制造业水平的提升，智能化也成为一种趋势。所以，5G 不仅能让这些设备与人连接，也能让设备和设备之间进行连接，真正意义上实现物联网万物互联的目标，改变人类社会生活与生产的方式。

1.1.5 5G 低时延特点

4G 网络的出现使移动网络的时延迈进了 100ms 的关口，目前使用的 4G 网络中，端到端的理想时延是 10 ms 左右，典型时延为 50 ～ 100ms，从而使对实时性要求比较高的应用如在线游戏、视频、数据电话成为可能。而 5G 提出毫秒级的端到端时延目标，会为更多对时延要求极致的应用提供生长的土壤。

5G 技术通过对帧结构的优化设计，将每个子帧在时域上进行缩短，从而在物理层上进行时延的优化，相信在后期 5G 信令的设计上也会采用以降低时延为目标的信令结构优化。因此，目前 5G 网络的空口时延从 4G 的 10ms 降低到了 1ms，端到端时延从 4G 的 50ms 降低到了 10ms，这意味着 5G 将端到端时延缩短为 4G 的 1/10。

无人驾驶飞机、无人驾驶汽车及工业自动化都是以高速度方式运行的，需要网络在高速中保证及时信息传递和及时反应，这就对时延提出了极高的要求，网络时延越低，系统的响应速度越快，整体安全性就越高。

课后复习及难点介绍

课后习题

1. 5G 能够在哪些方面提供便利性？
2. 5G 与 4G 相比较，优势在哪些方面？
3. 5G 为什么能做到改变社会？

任务 2　5G 的三大应用场景

课前引导

由于 5G 技术高速率、低时延、大连接的特点，因此 5G 提供的业务类型也将越来越丰富多样，3GPP 将 5G 支持的多种类型的业务划分为三大应用场景。就未来 5G 网络能够提供哪些业务并将其划分为哪些不同应用场景展开讨论；同时针对不同的应用场景，思考如何颠覆在 4G 时代形成的流量经营模式来设计 5G 新的商业模式。

任务描述

通过本任务的学习，了解 5G 的 eMBB、mMTC 和 uRLLC 三大应用场景；通过熟悉三大应用场景——eMBB 场景（超高清视频、高清直播、VR 和 AR 等）、mMTC 场景（智能家居、智能穿戴、智慧城市等）、uRLLC 场景（自动驾驶、工业自动化和远程医疗等）的典型应用，思考如何通过商业模式的创新设计推动 5G 技术的高速发展。

任务目标

- 描述 eMBB 业务场景的典型应用。
- 描述 mMTC 业务场景的典型应用。
- 描述 uRLLC 业务场景的典型应用。
- 描述 5G 网络商业模式的创新。

知识准备

1.2.1 三大应用场景概述

3GPP 定义了 5G 的三大应用场景——eMBB（增强移动宽带）、mMTC（海量机器类通信）、uRLLC（超高可靠、超低时延通信），如图 1-1 所示，同时也规定了 5G 网络的性能要求，如峰值速率达到 20Gbps、连接密度达到每平方千米 100 万个终端、支持移动速率达到每小时 500 km、空口时延达到 1ms 等多方面性能远远超过目前的 4G 网络能力。

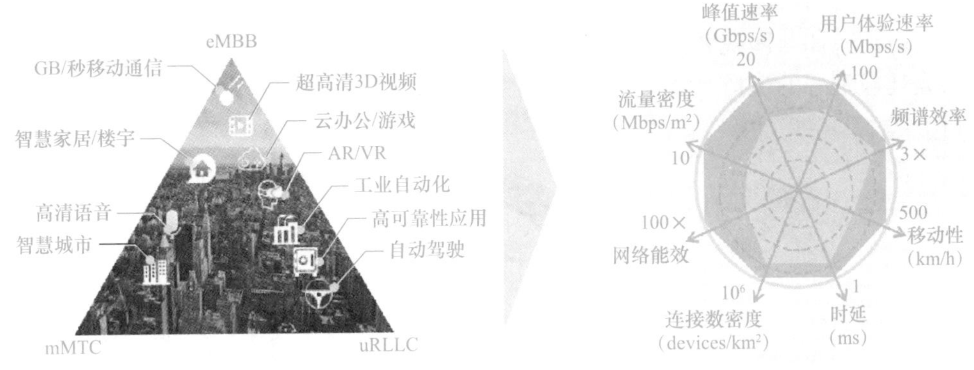

指标名称	流量密度	连接数密度	时延	移动性	网络能效	用户体验速率	频谱效率	峰值速率
4G 参考值	0.1 mbps/m^2	10 万 devices/km^2	空口 10 ms	350 km/h	1 倍	10 mbps	1 倍	1 Gbps
5G 取值	10 Tbps/km^2	100 万 device/km^2	空口 1 ms	500 km/h	100 倍提升	0.1 ～ 1 Gbps	3 倍提升	20 Gbps

图 1-1　5G 应用场景的划分和性能要求

1.2.2 eMBB（增强移动宽带）场景

eMBB 主要用于 3D/ 超高清视频等大流量移动宽带业务，该场景下的典型应用如图 1-2 所示。

8K云VR直播

超高清8K VR直播，超过100Mbps上行直播图像传输速率

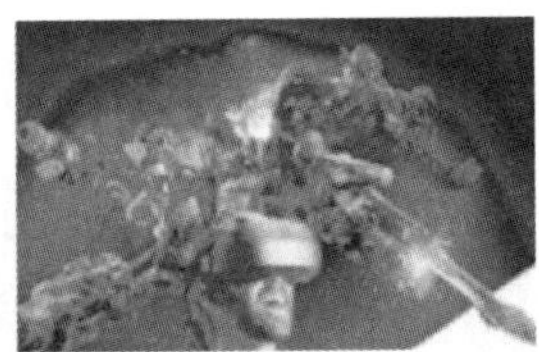

VR云游戏

VR游戏在边缘计算单元实时媒体处理，GPU图像渲染等，用户无须配置VR游戏主机，仅需VR显示单元

智慧旅游/会展

会展或旅游景点部署人脸识别摄像头，通过5G回传，实现人脸识别、认证及轨迹跟踪

AR远程协作

头戴式AR设备，通过5G实现高清视频双向通信，实现AR协作辅助

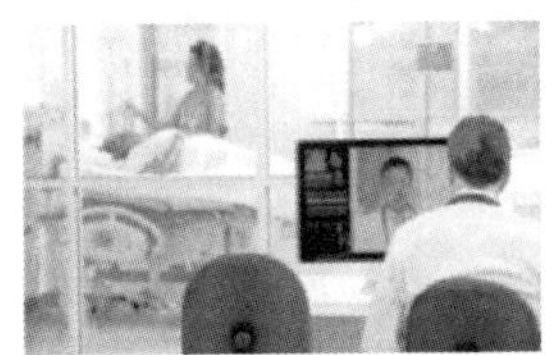

高清远程示教

可应用于远程教育、远程信访等具体业务《一块屏幕改变命运》

图 1-2　eMBB 的典型应用

（1）增强现实（Augmented Reality，AR）技术。AR 技术是计算机在现实影像上叠加相应的图像技术，利用虚拟世界套入现实世界并与之进行互动，达到“增强”现实的目的。

（2）虚拟现实（Virtual Reality，VR）技术。VR 技术是在计算机上生成一个三维空间，并利用这个空间提供给使用者关于视觉、听觉、触觉等感官的虚拟，让使用者仿佛身临其境一般。

1.2.3 mMTC（海量机器类通信）场景

mMTC 主要用于大规模物联网业务，该场景下的典型应用如图 1-3 所示。IoT（Internet of Thing，物联网）应用是 5G 技术所瞄准的发展主轴之一，而网络等待时间的性能表现，将成为 5G 技术能否在物联网应用市场上攻城略地的重要衡量指针。例如，智能水表、电表的数据传输量小，对网络等待时间的要求也不高，使用 NB-IoT 相当合适；对于某些攸关人身安全的物联网应用（如与医院联机的穿戴式血压计），则网络等待时间就显得非常重要，采用 mMTC 会是比较理想的选择。而这些分散在各垂直领域的物联网应用，正是 5G 生态圈形成的重要基础。

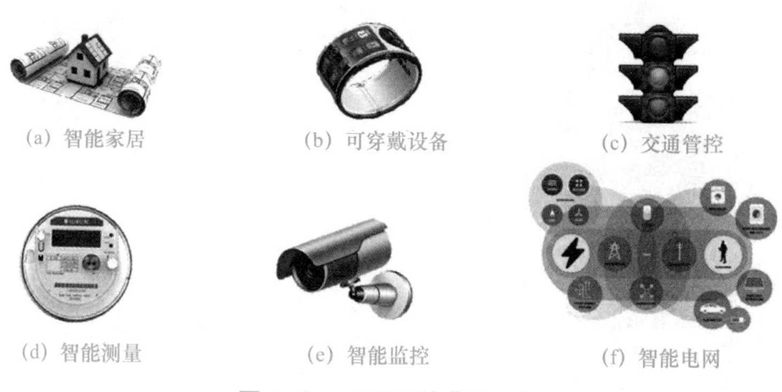

(a) 智能家居　(b) 可穿戴设备　(c) 交通管控

(d) 智能测量　(e) 智能监控　(f) 智能电网

图 1-3　mMTC 的典型应用

在 4G 技术定义初期，并没有把物联网应用的需求纳入考虑中，因此业界后来又发展出 NB-IoT，以补上这个缺口。5G 则与 4G 不同，在标准定义初期，就把物联网应用的需求纳入考虑中，并制定出对应的 mMTC 技术标准。不过，目前还很难断言 mMTC 是否会完全取代 NB-IoT，因为 mMTC 与 NB-IoT 虽然在应用领域有所重叠，但 mMTC 具备一些 NB-IoT 所没有的特性，如极低的网络等待时间。

1.2.4 uRLLC（超高可靠、超低时延通信）场景

uRLLC 主要用于如无人驾驶、工业自动化等需要低时延、高可靠连接的业务，该场景下的典型应用如图 1-4 所示。uRLLC 主要满足人 - 物连接对时延要求低至 1ms、可靠性高至 99.999% 的场景下的业务需求，主要应用包括车联网的自动驾驶、工业自动化、移动医疗等。随着需求的变化及配套技术的发展，uRLLC 超高可靠、超低时延通信场景也将稳步推进，未来 uRLLC 场景主要应用于以下几个方面。

（1）远程控制：时延要求低，可靠性要求低。

（2）工厂自动化：时延要求高，可靠性要求高。

（3）智能管道抄表等管理：可靠性要求高，时延要求适中。

（4）过程自动化：可靠性要求高，时延要求低。

（5）车辆自动指引 /ITS/ 触觉 Internet：时延要求高，可靠性要求降低。

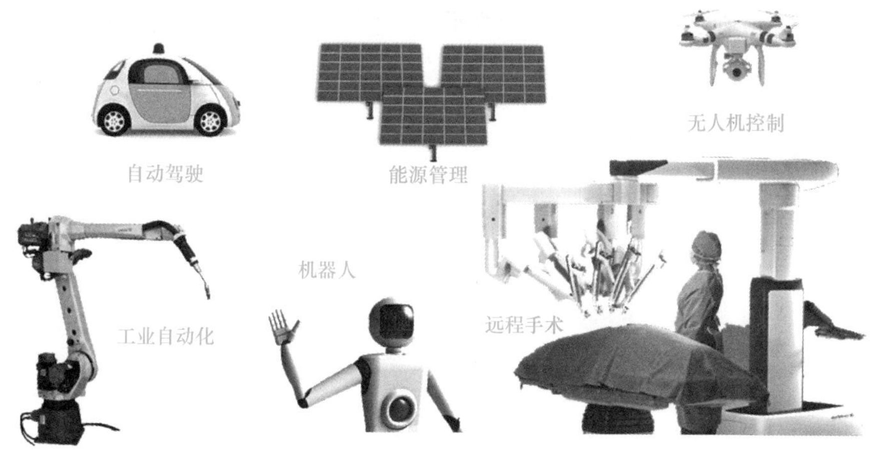

图 1-4　uRLLC 的典型应用

1.2.5　5G 网络的商业模式

在 4G 时代，网络进入流量经营阶段，数据业务增长给运营商带来了利润增长，但是随着不限流量套餐的推出，原有用户价值体系被打破，运营商无法再通过流量的高低来评估用户价值的高低，而网络也仅仅扮演管道的角色，因此运营商必须要寻找新的发展契机来打破当前的僵局，而商业模式的创新变得尤为关键。5G 网络商业模式的创新不仅要能为企业带来持久的竞争优势，也要能提供新的收入增长点。运营商流量陷阱问题如图 1-5 所示。

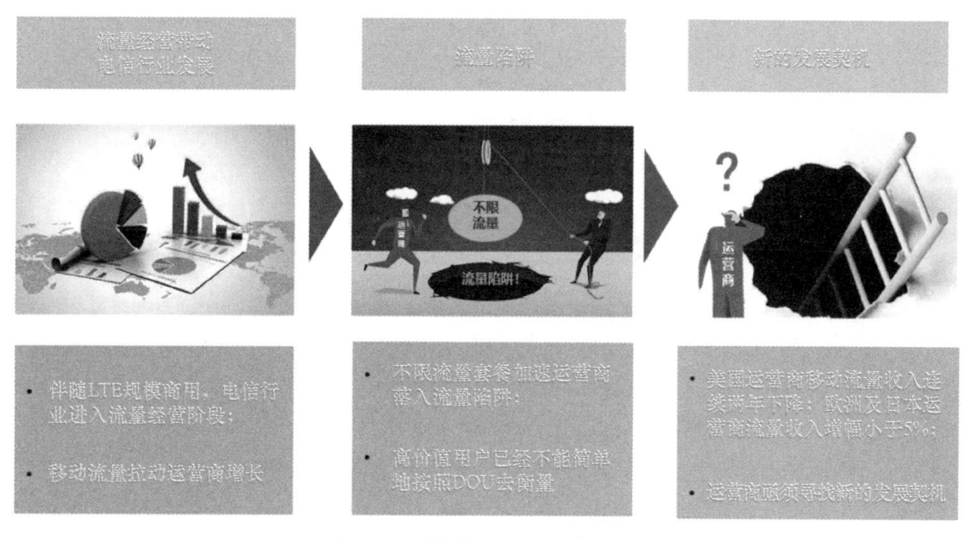

图 1-5　运营商流量陷阱问题

如何在 5G 网络中构建新的商业模式呢？由于 5G 定义了三大应用场景，在不同应用场景下产生了差异化的业务需求。这种差异化的业务需求，要求网络能够分别提供满足不同需求的功能。从这些差异化的需求出发，通过围绕关键要素可以诞生 5G 创新的商业模式。商业模式创新的关键要素有以下几个方面。

（1）首先，围绕用户需求为中心。细分用户需求，不仅要为用户提供高速率、高带宽、低时延的体验，更要为用户提供丰富的 5G 内容和应用。在此基础上，还能够提供给用户边缘计算和云计算等网络服务。

（2）其次，网络服务能力要开放。网络平台提供开放的 API 接口，方便第三方快速在平台部署新业务、新应用，更好地满足用户的需求。

（3）最后，网络切片化运营。网络切片不仅仅是 5G 网络的技术优势，更是商业模式创新的要素之一。面对垂直行业可以将网络根据需要进行切片的划分，形成定制的网络切片产品，快速灵活地满足垂直行业的需求。

课后复习及难点介绍

5G 网络架构认知

课后习题

1. 5G 定义的三大应用场景有哪些？
2. 为什么 4G 网络中 VR 和 AR 并未出现爆发性增长？
3. 可以从 mMTC 场景掌握什么样的便利性？

任务 3　5G 系统的网络架构

课前引导

在了解了 5G 网络的技术特点和三大应用场景之后，大家有没有思考过 5G 网络是如何来实现其高速率、低时延、大连接这些技术特点的？是如何支持三大应用场景的？对于这些问题的回答必须先认识 5G 网络架构，了解 5G 各个网元的功能，以及对应的接口功能。

任务描述

在本任务中，需要学习 5G 系统的网络架构（终端、5G 无线接入网和 5G 核心网），认识 5G 网络部署方式（独立和非独立部署），了解 5G 基站的演进过程（CU 与 DU、DU 和 AAU 功能划分），了解 5G 基站在整个 5G 网络中起到的作用，以及熟悉相关的接口、学习 5G 基站在不同应用场景的下的部署方式。

任务目标

- 了解 5G 系统的网络架构。
- 了解 5G 系统的网元功能。
- 了解 5G 系统的接口功能。
- 能绘制 5G 系统的网络架构图。

1.3.1 5G 网络架构

5G 网络架构如图 1-6 所示。在 4G 到 5G 演进过程中，核心网侧从 EPC（Evolved Packet Core，演进的核心网）向 5GC 演进，而与无线侧网络组成类似，由 5G 基站 gNB（gNodeB）和 4G 基站 ng-eNB（eNodeB）组成。

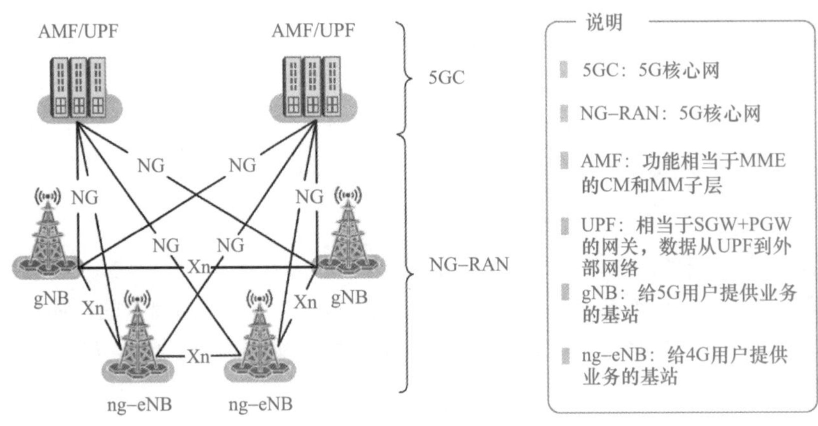

图 1-6　5G 网络架构图

AMF-Access and mobility management Function（接入和移动管理功能）；

UPF-User Plane Function（用户面管理功能）

1.3.2 5G 网络的部署方式

5G 网络分为两种方式：SA（Standalone，独立部署）和 NSA（Non-Standalone，非独立部署）。

SA 部署方式是指以 5G NR 作为控制面锚点接入 5GC，如图 1-7 所示。其中，5GC 为 5G 核心网，NR 为 5G 新空口。

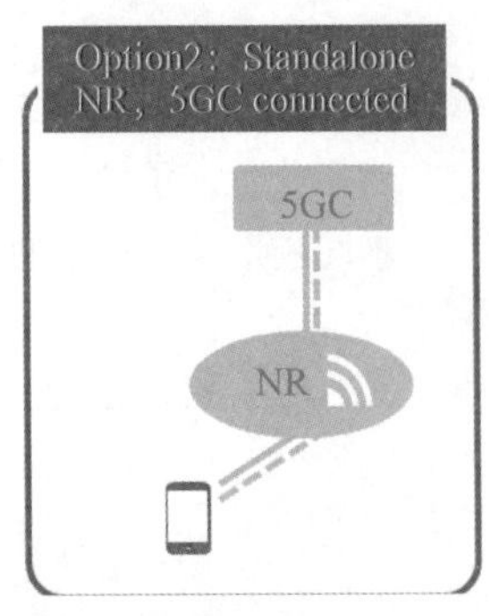

图 1-7　5G SA 部署方式

NSA 部署方式是指 5G NR 的部署以 LTE eNB 作为控制面锚点接入 EPC，或者以 eLTE eNB 作为控制面锚点接入 5GC，如图 1-8 所示。其中，Option 3 与 Option 7 的区别在于：Option 3 的核心网采用 EPC，使用 LTE eNB，而 Option 7 的核心网采用 5GC，使用 eLTE eNB。

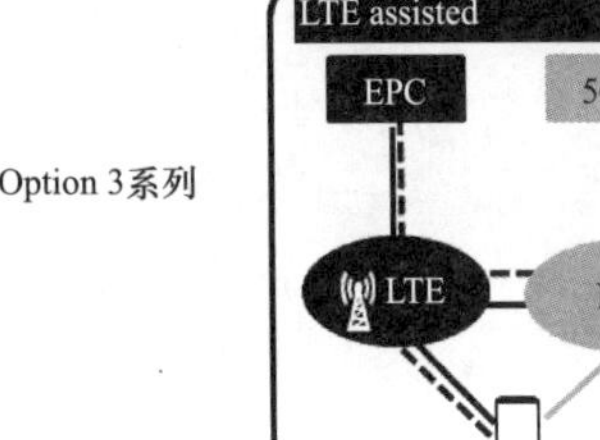

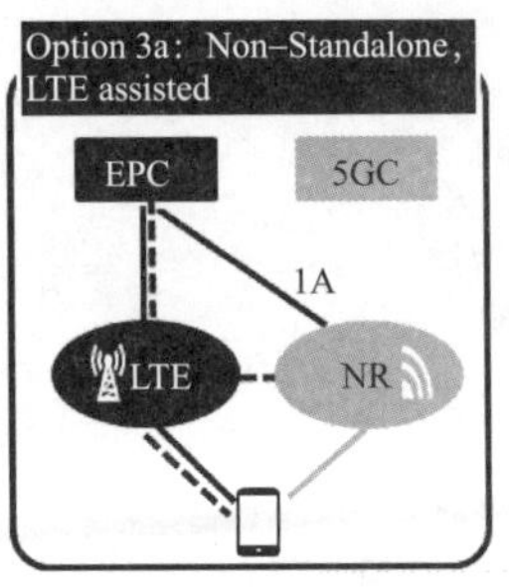

图 1-8　5G NSA 部署方式

Option 7系列

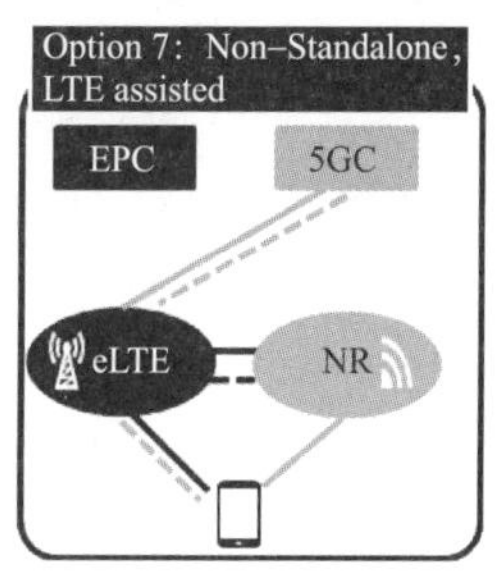

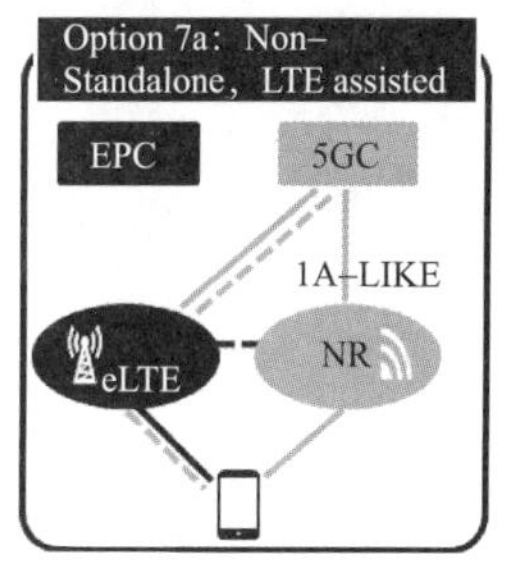

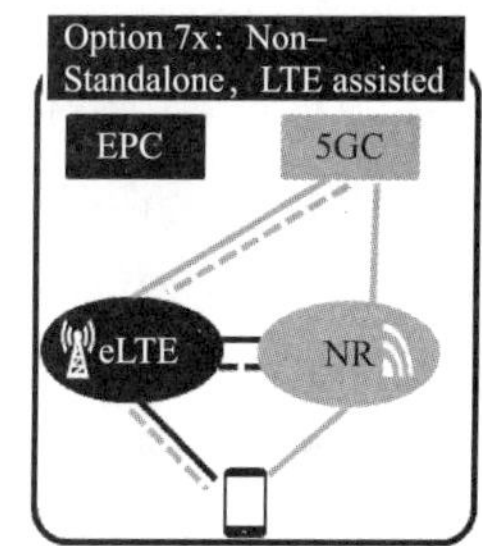

图 1–8　5G NSA 部署方式（续）

SA 组网和 NSA 组网的优劣如表 1–1 所示。目前国内运营商在 5G 网络建设初期主要采用 NSA 组网方案，而在之后将主要采用 SA 组网策略。

表 1–1　SA 组网和 NSA 组网的优劣

SA 组网优势	NSA 组网优势
（1）独立组网一步到位，对 4G 网络无影响 （2）支持 5G 各种新业务及网络切片	（1）按需建设 5G，建网速度快，投资回报快 （2）标准冻结较早，产业相对成熟，业务连续性好
SA 组网劣势	**NSA 组网劣势**
（1）需要成片连续覆盖，建设工程周期较长 （2）需要独立建设 5GC 核心网 （3）初期投资大	（1）难以引入 5G 新业务 （2）与 4G 强绑定关系，升级过程较为复杂 （3）投资总成本较高

1.3.3　5G 基站的内部结构

根据不同场景和业务的需求，5G 基站功能重构为 CU 和 DU 两个功能实体。CU 与 DU 功能的切分以处理内容的实时性进行区分，可以合一部署，也可以分开部署。

CU（Centralized Unit）：主要包括非实时的无线高层协议栈功能，同时也支持部分核心网功能下沉和边缘应用业务的部署。

DU（Distributed Unit）：主要处理物理层功能和实时性需求的媒体接入控制功能。考虑节省 AAU 与 DU 之间的传输资源，部分物理层功能也可上移至 RRU/AAU 实现。CU 和 DU 之间是 F1 接口。

AAU：原 BBU 基带功能部分上移，以降低 DU 与 AAU 之间的传输带宽。

4G 到 5G 的基站变化如图 1–9 所示。

图 1–9 中，对 LTE 网元及功能与 5G 系统进行了对比。可以看到，采用 CU 和 DU 架构后，CU 和 DU 可以由独立的硬件来实现。从功能上看，一部分核心网功能可以下移到 CU 甚至 DU 中，用于实现移动边缘计算。此外，原先所有的 L1/L2/L3 等功能都在 BBU 中实现，新的架构下可以将 L1/L2/L3 功能分离，分别放在 CU 和 DU 甚至 AAU 中来实现，以便灵活地应对传输和业务需求的变化。

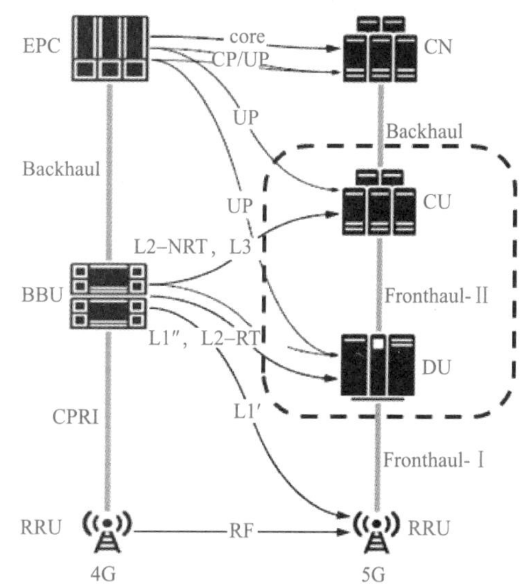

图 1–9　4G 到 5G 的基站变化

CU/DU 高层切分：3GPP R15 阶段 CU/DU 高层分割采用 Option 2，即将 PDCP/RRC 作为集中单元，且将 RLC/MAC/PHY 作为分布单元。

DU/AAU 低层切分：BBU/AAU 之间的接口目前有行业组织在研究，暂时尚未完成标准化，目前还是以各个基站厂家内部标准为主。

CU-DU 功能灵活切分的好处在于：硬件实现灵活，可以节省成本；CU 和 DU 分离的架构下可以实现性能和负荷管理的协调、实时性能优化，并使用 NFV/SDN 功能；功能分割可配置能够满足不同应用场景的需求，如传输时延的多变性。

DU-AAU 功能切分的好处在于：通过对 CPRI 接口重新切分，将 BBU 部分物理层功能下沉到 AAU，形成新的 CPRI 接口，可以大大降低新 CPRI 接口流量。

1.3.4 5G 基站的工作原理

5G 基站是 5G 网络的核心设备，提供无线覆盖，实现有线通信网络与无线终端之间的无线信号传输，在系统中的位置如图 1-10 所示。

5G 基站通过传输网络连接到核心网，完成控制信令、业务信息的传送工作，基站侧将控制信令、业务信息经过基带和射频处理，然后送到天线上进行发射。终端通过无线信道接收天线所发射的无线电波，然后解调出属于自己的信号完成从核心网到无线终端的信息接收。无线通信网是一个双向通信的过程，终端也会通过自身的天线发射无线电波，基站接收后将解调出对应的控制信令、业务信息，并通过传输网络发送给核心网。

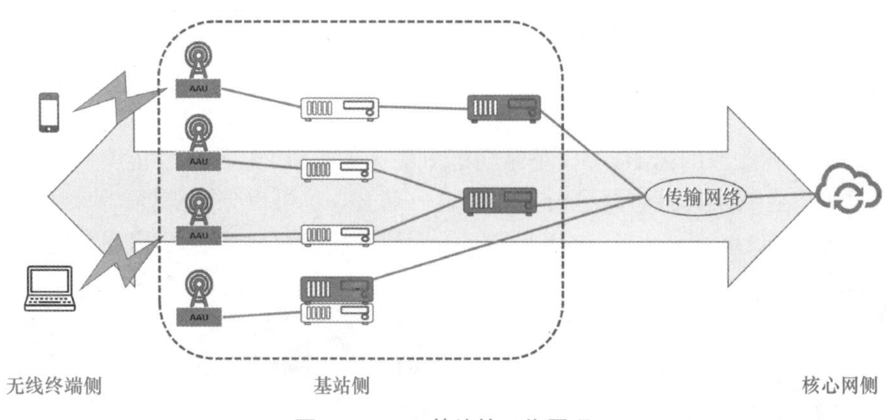

图 1-10　5G 基站的工作原理

课后习题

1. 简述 5G 两种网络部署方式的差异化。
2. CU 的主要功能是什么？
3. 简述 5G 网络架构的组成。网元之间的接口名称是什么？

项目 2 5G 基站设备安装

项目概述

完成站点工程勘察、设备排产发货后，基站设备运输到站点，就到了设备安装的环节。本项目介绍 5G 基站勘察、设备安装的步骤和方法，通过本项目的学习，将使学生具备 5G 基站设备勘察和安装工程师的工作技能。

项目目标

- 能绘制 5G 基站硬件架构图。
- 能完成 5G 基站勘察。
- 能完成 5G 基站开箱验货和设备清点。
- 能完成 5G 基站设备安装。
- 能完成线缆布放和线缆测试。

知识地图

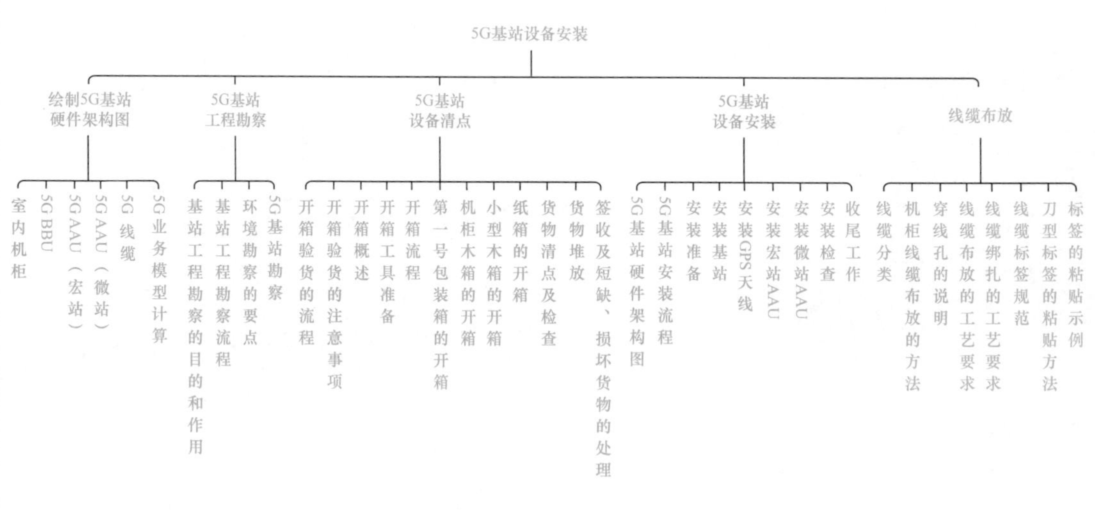

任务 1　绘制 5G 基站硬件架构图

课前引导

4G 无线基站主要由 BBU、RRU、天线三大部分组成，请思考 5G 基站的组成是否和 4G 基站一样?

运营商一方面需要保证用户更好的 5G 业务体验，另一方面要合理控制成本，因此合理的 5G 基站网络建设对运营商至关重要。请思考，如果你是运营商，为保障本城市用户 5G 业务体验的同时又要将成本控制在合理水平，需要在哪些方面进行考量?

任务描述

本任务对 5G SA/NSA 基站设备硬件架构及机柜、BBU、5G 单板、AAU、线缆等部分的硬件和性能进行介绍，另外，还介绍了在计算 5G 容量时需要考虑 5G 不同的应用场景和业务类型，通过本任务内容的学习，要求能了解 5G 宏站 AAU 和微站 AAU 的特点；掌握 BBU、AAU 指示灯状态的正确解读；掌握 5G 不同线缆在实际安装过程中所连接的接口对象；掌握 5G 不同应用场景的业务模型计算。可以绘制 5G 基站硬件架构图。

注意：本任务硬件为主流厂商设备，但各厂家具体设备会有细节区别，实际场景中以各厂家产品说明书为准。

任务目标

- 了解 5G 基站硬件组成。
- 掌握 BBU 硬件架构。
- 掌握 BBU 单板功能。
- 了解宏站 AAU 硬件架构和接口。
- 掌握微站 AAU 硬件架构和接口。
- 掌握 5G 基站线缆组成。
- 绘制 5G 基站硬件架构图。
- 掌握 5G 业务模型计算。

知识准备

2.1.1 室内机柜

5G 基站设备安装分为两种场景：一种是在室内安装的情况下机房中已经有 19 英寸标准机柜（图 2–1），设备安装必须要保证机柜中有足够的空间，确保设备正常散热；另一种是室内机房新建 5G 基站设备安装机柜。

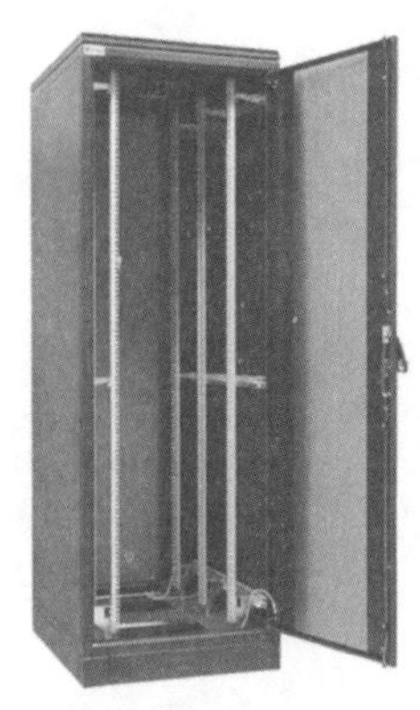

图 2–1　19 英寸标准机柜

5G 室内机房站点一般采用市电接入交流配电箱，再通过交直流转换柜分配直流电源，直流电源可以通过直流电源分配模块提供多路直流电源接入端子，提供设备供电接入。直流电源分配模块如图 2–2 所示。

图 2–2　直流电源分配模块

任务实施

2.1.2 5G BBU

5G 基站普遍采用 BBU+AAU 的模式（有些场景采用 BBU+RRU 模式）。其中，BBU（Base Band Unit，基带单元）负责基带信号处理；RRU（Remote Radio Unit，射频拉远单元）负责基带信号和射频信号的转换及射频信号处理；AAU（Active Antenna Unit，有源天线单元）是 RRU 和天线一体化设备。BBU 与 RRU/AAU/Massive mIMO 连接组成分布式基站。

5G BBU 通过软件配置和更换相应的单板，可以配置为 GSM、UMTS、LTE、Pre5G 和 5G 等单模或多模制式。5G BBU 实物图如图 2–3 所示。

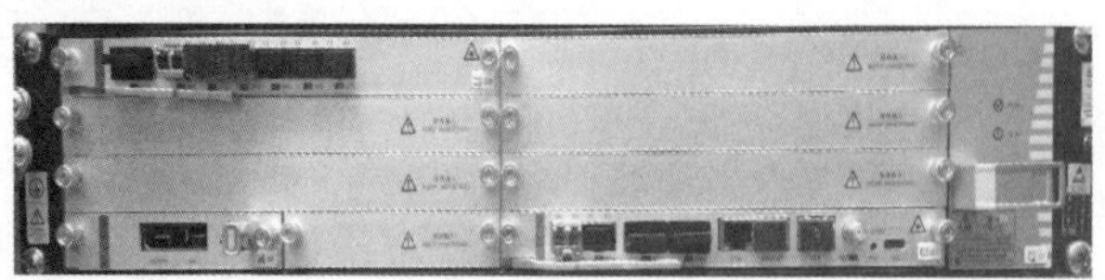

图 2–3　5G BBU 实物图

1．BBU 单板功能介绍

（1）交换板单板。交换板单板的主要功能：实现基带单元的控制管理、以太网交换、传输接口处理、系统时钟的恢复和分发及空口高层协议的处理，提供 USB 接口用于软件升级和自动开站。5G 交换板单板实物图如图 2–4 所示。

图 2-4　5G 交换板单板实物图

（2）基带板单板。基带板单板主要功能：用来处理 3GPP 定义的 5G 基带协议，实现物理层处理、提供上 / 下行的 I/Q 信号、实现 MAC、RLC 和 PDCP 协议。5G 基带板单板实物图如图 2-5 所示。

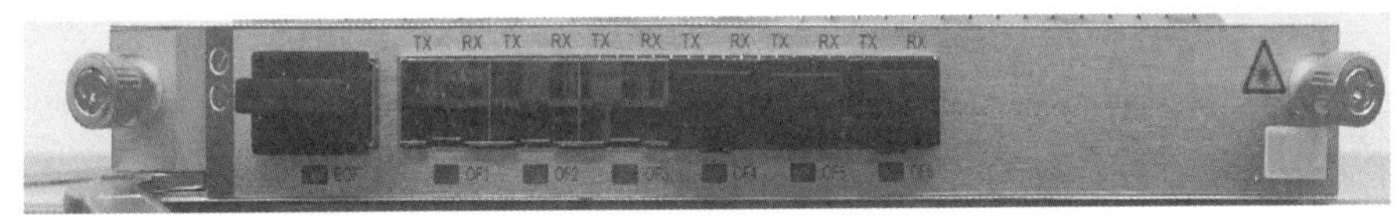

图 2-5　5G 基带板单板实物图

（3）通用计算板单板（可选）。通用计算板单板的主要功能：可用作移动边缘计算（MEC）、应用服务器、缓存中心等。5G 通用计算板单板实物图如图 2-6 所示。

图 2-6　5G 通用计算板单板实物图

（4）环境监控板单板（可选）。环境监控板单板的主要功能：管理 BBU 告警、提供干接点接入、完成环境监控功能。5G 环境监控板单板实物图如图 2-7 所示。

图 2-7　5G 环境监控板单板实物图

（5）电源板单板。电源板单板的主要功能：实现 -48V 直流输入电源的防护、滤波、防反接；输出支持 -48V 主备功能；支持欠压告警；支持电压和电流监控；支持温度监控。5G 电源板单板实物图如图 2-8 所示。

（6）风扇板单板。风扇板单板的主要功能：可以实现系统温度的检测控制，以及风扇状态监测、控制与上报。5G 风扇板单板实物图如图 2-9 所示。

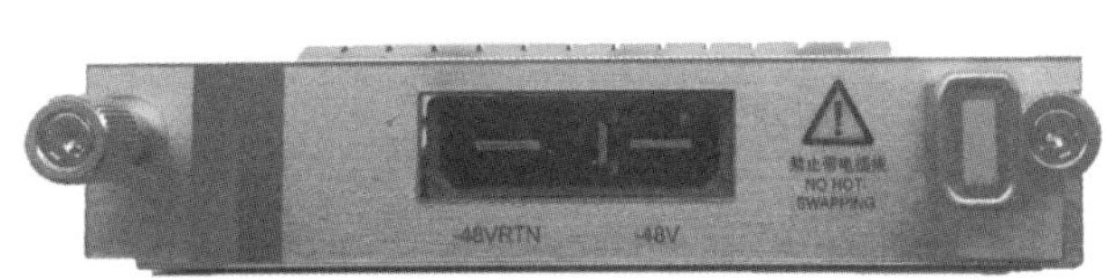

图 2-8　5G 电源板单板实物图

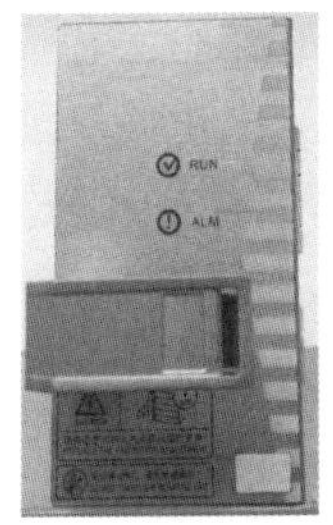

图 2-9　5G 风扇板单板实物图

2．BBU 单板的配置说明

BBU 包括多个插槽，可以配置不同功能的单板。BBU 配置规范和 BBU 配置原则如表 2-1 和表 2-2 所示。

表 2-1　BBU 配置规范

<table>
<tr><td colspan="2">基带板 / 通用计算板　槽位 8</td><td>基带板 / 通用计算板　槽位 4</td><td rowspan="4">风扇模块
槽位 14</td></tr>
<tr><td colspan="2">基带板 / 通用计算板　槽位 7</td><td>基带板 / 通用计算板　槽位 3</td></tr>
<tr><td colspan="2">基带板 / 通用计算板　槽位 6</td><td>交换板 / 通用计算板　槽位 2</td></tr>
<tr><td>电源模块
槽位 5</td><td>环境监控模块
电源模块　槽位 13</td><td>交换板　槽位 1</td></tr>
</table>

表 2-2　BBU 配置原则

单板名称	配置原则
交换板	固定配置在 1、2 槽位，可以配置一块，也可以配置两块。当配置两块主控板时，可设置为主备模式和负荷分担模式。 主备模式：一块主控板工作，另一块备份，当主用单板故障时，进行倒换。 负荷分担模式：两块主控板同时工作，进行工作量的负荷分担
基带板	可以灵活配置在 3、4、6、7、8 槽位，根据实际用户量确定基带板数量
通用计算板（可选）	可以根据需要灵活配置在 2、3、4、6、7、8 槽位，根据实际情况确定通用计算板数量
电源板	可以灵活配置在 5、13 槽位；当配置一块时，固定配置在 5 槽位。当配置两块电源分配板时，可设置为主备模式和负荷分担模式。 主备模式：一块电源分配板工作，另一块备份，当主用单板故障时进行倒换。 负荷分担模式：两块电源分配板同时工作，进行工作量的负荷分担
环境监控板（可选）	可以根据需要进行配置，当配置环境监控板时，固定配置在 13 槽位
风扇板	固定配置一块，固定配置在 14 槽位

2.1.3　5G AAU（宏站）

AAU 由天线、滤波器、射频模块和电源模块组成，具体功能如下。

（1）天线：多个天线端口和多个天线振子，实现信号收发。

（2）滤波器：与每个收发通道对应，为满足基站射频指标提供抑制。

（3）射频模块：多个收发通道、功率放大、低噪声放大、输出功率管理、模块温度监控，将基带信号与高频信号相互转化。

（4）电源模块：提供整机所需电源、电源控制、电源告警、功耗上报、防雷功能。

1．AAU 产品外观

AAU 是集成了天线、射频的一体化形态的设备，与 BBU 一起构成 5G NR 基站。AAU 外观如图 2-10 所示。

2．AAU 外部接口

（1）AAU 外部接口的侧面维护接口，如图 2-11 所示。

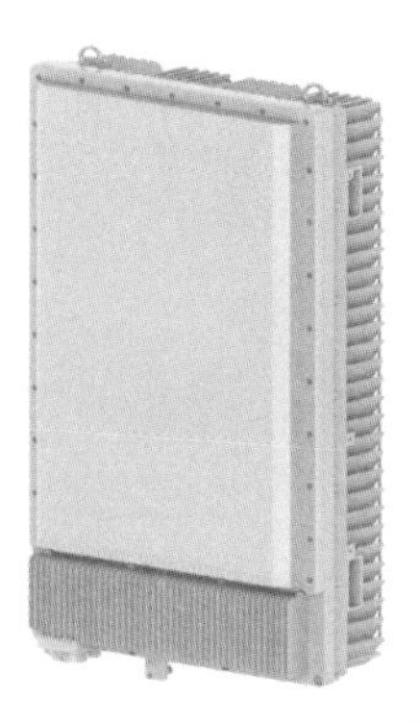
图 2-10　AAU 外观

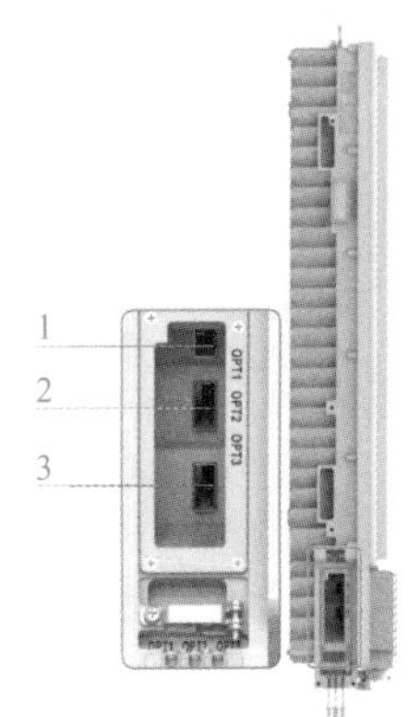

图 2-11　AAU 侧面维护接口外观

AAU 侧面维护接口的说明如下。

① 编号 1 为 OPT1 接口，主要为 AAU 和 BBU 系统之间的光信号提供物理传输。

② 编号 2 为 OPT2 接口，主要为 AAU 和 BBU 系统之间的光信号提供物理传输。

③ 编号 3 为 OPT3 接口，主要为 AAU 和 BBU 系统之间的光信号提供物理传输。

注意：OPT1 ~ OPT3 都为 AAU 和 BBU 系统之间的光信号提供物理传输，但是使用光模块传输速率要求不一样。

（2）AAU 底部接口，如图 2-12 所示。

AAU 底部接口的说明如下。

① 编号 1 为 PWR 接口，主要提供 -48V 直流电源输入接口。

② 编号 2 为 GND 接口，主要提供 AAU 保护地接口。

③ 编号 3 为 RGPS 接口，主要提供连接外置 RGPS 模块。

④ 编号 4 为 MON/LMT 接口，主要提供 MON 外部监控接口或 LPU 设备接 AISG 设备接口。

⑤ 编号 5 为 TEST 接口，即测试口，提供天线馈电口耦合信号的外部输出接口。

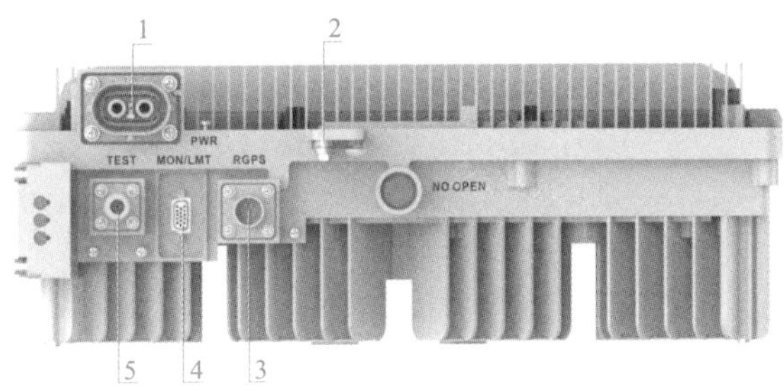

图 2-12　AAU 底部接口外观

2.1.4 5G AAU（微站）

1. 微站 AAU 产品的定位和特点

1）产品的定位

5G 微站 AAU 产品用于微蜂窝组网，也可应用于室内 / 外环境，具有体积小、质量轻、外形美观、便于获取站址和安装方便等特点。

5G 微站 AAU 和基带单元（BBU）组成一个完整的 gNB，实现覆盖区域的无线传输和无线信道的控制。5G 微站 AAU 在无线网络中的位置如图 2-13 所示。

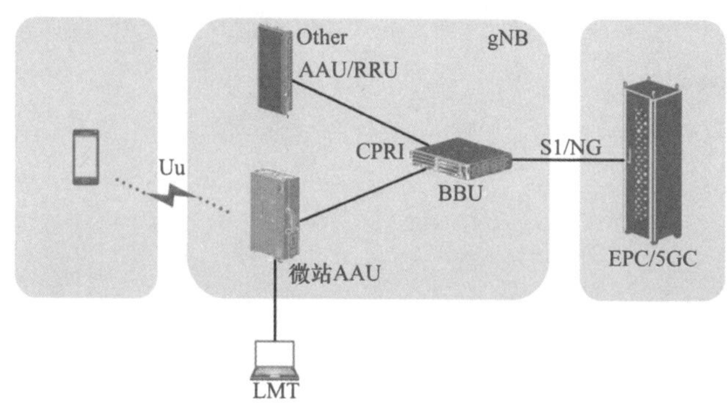

图 2-13　5G 微站 AAU 在无线网络中的位置

2）产品的特点

（1）节能高效。

① 满足 2.6 GHz 频谱需求，满足热点容量需求，减少站点设备数量。

② 最大输出功率为 40W，可以满足不同应用场景的覆盖要求。

③ 采用自然散热设计，无噪声。

（2）紧凑设计，易于部署。

① 体积小、质量轻，且内置天线，外观简朴，易于伪装及隐蔽安装。

② 提供交流机型和直流机型，可根据部署需要灵活选择。

③ 可以安装在抱杆上，可以挂墙。站点容易获取，安装方式灵活，可以降低部署成本。

3）多天线

① 可以支持 4 端口天线。

② 支持各种多输入多输出（MIMO）解决方案，可以大大提高频谱效率，带来更好的用户体验。

4）大容量

支持 160 MHz 带宽，可满足运营商的 4G/5G 热点容量需求。

2．微站 AAU 产品外观

微站 AAU 有两种配置：一种可以配置一体化天线，另一种可以配置 *N* 头天线转接模块。微站 AAU 配置一体化天线的外观示意图如图 2-14 所示，微站 AAU 配置 *N* 头天线转接模块的外观示意图如图 2-15 所示。本书主要给大家介绍配置一体化天线的微站 AAU。

图 2-14　微站 AAU 配置一体化天线的外观示意图

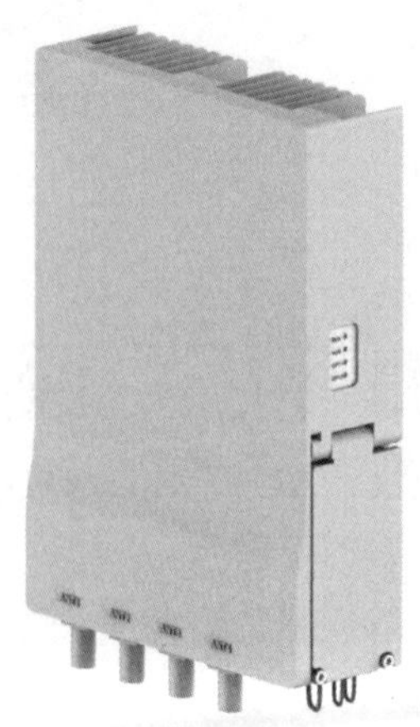

图 2-15　微站 AAU 配置 *N* 头天线转接模块的外观示意图

3．微站 AAU 外部接口

微站 AAU 一体化天线侧面接口如图 2-16 所示。

微站 AAU 一体化天线侧面接口的说明如下。

① 编号 1 为 OPT1 接口，主要提供 BBU 与 RRU 的接口，或者级联场景下的 RRU 上联光口。

② 编号 2 为 OPT2 接口，主要提供 RRU 级联场景下的下联光口。

③ 编号 3 为 PWR 接口，主要提供电源输入口。

微站 AAU 装配一体化天线时，对外不提供天馈接口。图 2-17 所示为微站 AAU 一体化天线底部接口。

微站 AAU 一体化天线底部接口的说明如下。

编号 1 为 GND 接口，主要提供 AAU 保护地接口。

4．微站 AAU 指示灯

微站 AAU 指示灯的外观如图 2-18 所示；微站 AAU 指示灯的状态说明如表 2-3 所示。

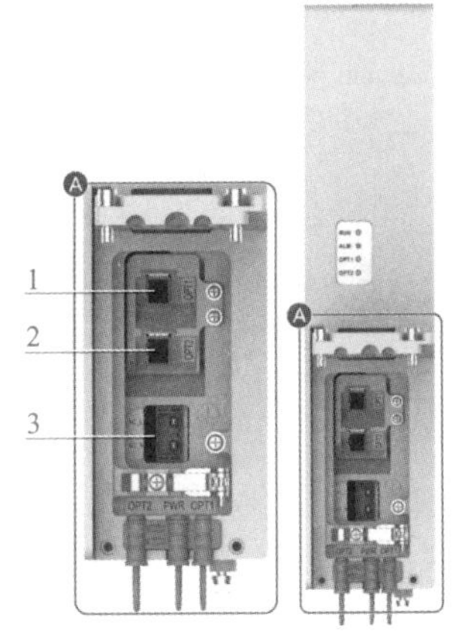

图 2-16　微站 AAU 一体化天线侧面接口

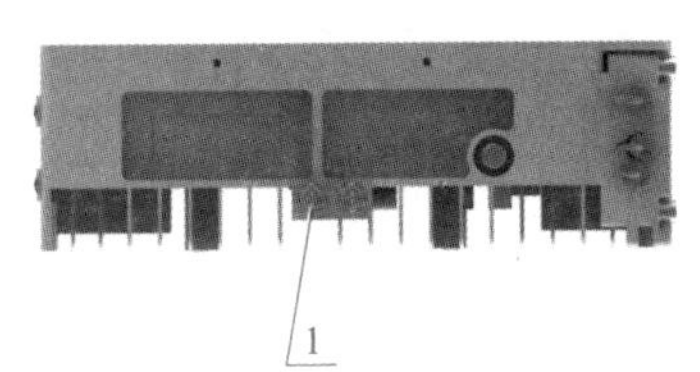

图 2-17　微站 AAU 一体化天线底部接口

图 2-18　微站 AAU 指示灯的外观

表 2-3　微站 AAU 指示灯的状态说明

名称	功能	颜色	状态	状态说明
RUN	运行状态	绿色	常亮	系统未加电或处于故障状态
			常灭	系统加电或处于故障状态
			慢闪（1s 亮、1s 灭）	启动中
			正常闪（0.3s 亮、0.3s 灭）	正常运行
			快闪（70 ms 亮、70 ms 灭）	与 BBU 通信尚未建立或通信断链
ALM	告警指示	红色	常灭	无故障告警
			常亮	有故障告警
OPT1	光口 1 状态指示	常灭		光口 1 未接收到光信号或光模块不在位
		红色	常亮	光口 1 光模块异常
		绿色	常亮	光口 1 接收到光信号或光口链路未同步
			闪烁（0.3 s 亮、0.3 s 灭）	光口 1 接收到光信号，光口链路已同步

名称	功能	颜色	状态	状态说明
OPT1	光口 2 状态指示	常灭		光口 2 未接收到光信号或光模块不在位
		红色	常亮	光口 2 光模块异常
		绿色	常亮	光口 2 接收到光信号，光口链路未同步
			闪烁（0.3 s 亮、0.3 s 灭）	光口 2 接收到光信号，光口链路已同步

注：①“常灭”不包含启动过程中短时间的灭。②“常亮”不包含启动过程中短时间的亮。

5. 微站 AAU 技术指标

（1）微站 AAU 物理指标，如表 2–4 所示。

表 2–4 微站 AAU 性能指标

项目	指标
尺寸（高 × 宽 × 深）	350 mm × 250 mm × 79 mm
质量	7 kg

（2）微站 AAU 性能指标，如表 2–5 所示。

表 2–5 微站 AAU 性能指标

项目	指标
双工方式	TDD
工作频率	2515 ～ 2675 MHz
载波带宽	LTE：20 MHz NR：60 MHz/100 MHz
OBW	160 MHz
IBW	160 MHz
输出功率	4×10 W
频率精确度	± 0.05 ppm
物理接口	2×10G/25G 光口 1×AC/DC 电源接口
天线类型	4 端口双极化平板天线
防护等级	IP65

（3）微站 AAU 内置天线指标，如表 2–6 所示。

表 2–6 微站 AAU 内置天线指标

项目	指标
增益	12.5 dBi
水平波束宽度	65° ±10°
垂直波束宽度	≥ 27°
预置下倾角	6°

（4）微站 AAU 电气特性指标，如表 2-7 所示。

表 2-7　微站 AAU 电气特性指标

项目	指标
工作电源	-48V DC（-57 ～ -37V DC） 220V AC（140 ～ 286V AC，45 ～ 66 Hz）
功耗	136 W

6．微站 AAU 环境指标

微站 AAU 环境指标如表 2-8 所示。

表 2-8　微站 AAU 环境指标

项目	指标
存储温度	-40℃～ 55℃
存储湿度	4% ～ 100%
大气压力	70 ～ 106 kPa

2.1.5 5G 线缆

1．电源线缆

电源线用于将外部 -48V 直流电源接入设备。BBU 电源线和 AAU 电源线如图 2-19 所示。电源线缆需要现场裁剪制作。

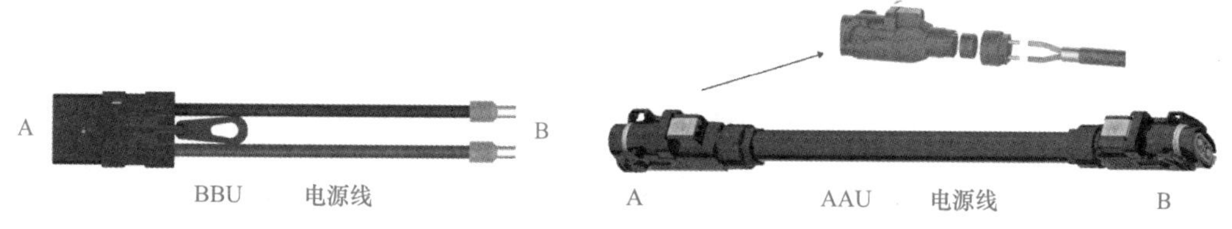

图 2-19　BBU 电源线和 AAU 电源线

电源线的连接说明如下。

（1）BBU 电源线中，红色线缆为 -48V GND，蓝色线缆为 -48V DC。

（2）BBU 电源线中，A 端连接 BBU 的电源模块，B 端连接外部电源设备。

（3）AAU 电源线中，红色线缆为 -48V GND，蓝色线缆为 -48V DC。

（4）AAU 电源线中，A 端连接 AAU 的电源端口，B 端连接外部电源设备。

2．接地线缆

接地线缆用于连接 BBU、RRU 和机柜的接地口与地网，提供对设备及人身安全的保护。接地线如图 2-20 所示。接地线的 B 端需要根据现场需求制作。

图 2-20　接地线

接地线的连接说明如下。

（1）BBU接地线A端连接BBU机箱上的保护地接口，B端连接机框接地点。

（2）AAU接地线A端连接AAU底部的接地螺栓，B端连接接地排。

注意，BBU接地线16 mm^2，AAU接地线32 mm^2。

3. 光纤

5G基站有两类光纤，如图2-21所示。光纤1用于NG接口，连接基站与核心网；光纤2用于BBU和AAU连接。

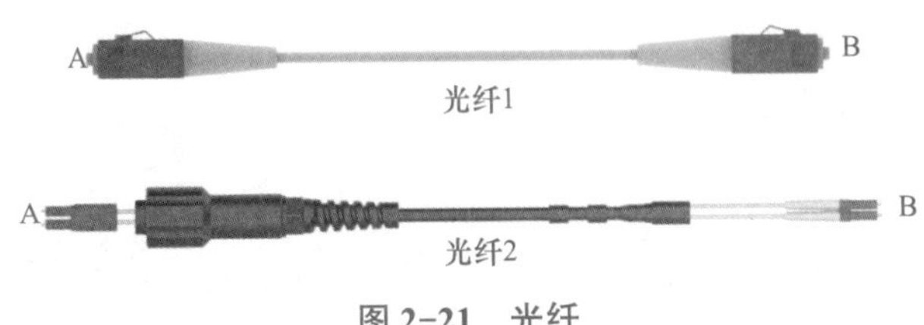

图2-21　光纤

光纤的连接说明如下。

（1）光纤1的A端连接BBU交换板光纤接口，B端连接核心网光纤接口。

（2）光纤2的A端连接AAU/RRU的光纤接口，B端连接BBU基带板光纤接口。

4. GPS线缆

GPS线缆包括GPS射频线缆和RGPS线缆，如图2-22所示。GPS射频线缆用于交换板的GNSS接口和GPS防雷器的连接；RGPS线缆用于连接AAU外置RGPS模块和GPS天线模块。

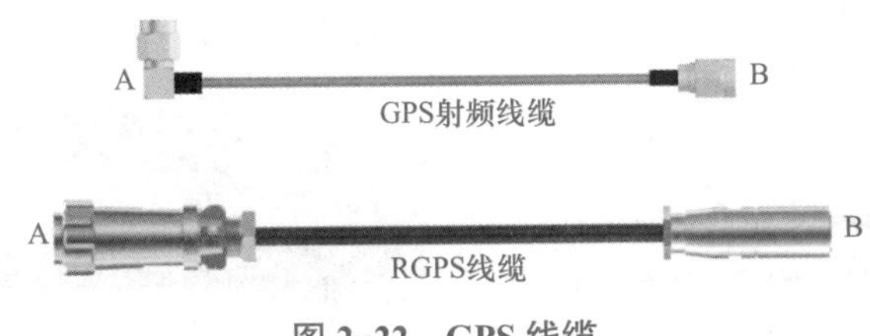

图2-22　GPS线缆

GPS线缆的连接说明如下。

（1）GPS射频线缆的A端连接BBU交换板GNSS接口，B端连接GPS防雷器。

（2）RGPS线缆的A端连接AAU RGPS模块接口，B端连接GPS天线。

2.1.6 5G业务模型计算

1. 5G业务模型计算的背景

随着5G网络的大规模建设和商业化进程不断加快，再加上5G终端成熟度不断提升导致5G终端进入井喷阶段，5G用户数量也将迎来大规模增长。因此对5G容量需要进行提前估算，而5G业务模型可以估算5G网络容量的大小，所以需要合理评估5G业务模型，以保证网络正常运行和用户的良好体验。

（1）容量需求持续快速增长，精准规划是核心。

“互联网+”纳入顶层设计，未来移动网络容量将持续保持指数级增长，因此如何准确预测容量是容量规划的核心。

（2）5G 业务感知多样化。

5G 网络支持 eMBB、uRLLC、mMTC 三大应用场景业务服务，高可靠性、高速率、低时延、大连接成为 5G 网络建设新目标；同时，相比于 4G 需要支持更多的业务场景，因此在进行 5G 容量计算时，需要选择正确的业务模型，保证不同应用场景用户体验。

2．5G 业务模型计算的方法

图 2-23 所示的 5G 业务模型设计参数为 5G 进行业务模型计算时，涉及的主要参数，根据以上参数可以计算获得以下结果。

参数
CPE用户数
KPN 市场份额
KPN CPE用户数
高峰时上行平均用户吞吐量(Mbps)
上行总容量请求(Gbps)
高峰时下行平均用户吞吐量(Mbps)
下行总容量请求(Gbps)
每10ms下行资源占比
频点带宽(MHz)

图 2-23　5G 业务模型设计参数

（1）频谱效率：根据 5G 实际组网情况，频谱效率的仿真取值范围为 8 ～ 10。

（2）每个扇区的下行容量 = 频谱效率 × 系统带宽 × 每 10ms 下行资源占比。

（3）每个扇区的上行容量 = 频谱效率 × 系统带宽 × 每 10ms 上行资源占比。

（4）下行扇区数量 = 下行总容量请求（Gbps）/ 每个扇区的下行容量。

（5）上行扇区数量 = 上行总容量请求（Gbps）/ 每个扇区的上行容量。

（6）站点数量 = 扇区数量 / 每个基站配置的扇区数。

课后复习及难点介绍

5G 基站勘察

容量计算难点讲解

课后习题

1．BBU 交换板可以放置以下（　　）槽位。

A．1　　B．2　　C．3　　D．4

2．BBU 基带板可以放置以下（　　）槽位。

A．2　　B．3　　C．4　　D．5

3．BBU 以下（　　）板卡是可选的。

A．交换板　　B．基带板　　C．环境监控板　　D．通用计算板

任务 2　5G 基站工程勘察

课前引导

在 5G 基站设备正式安装之前，首先需要确定 5G 站址，请思考如果你是站址选择人员，在进行站址选择的过程中需要关注哪些方面?

任务描述

基站工程勘察是基站设备安装前重要的工作环节，在基站选址中需要勘察人员到现场对规划站址进行实地勘察，初步确定站点建设的合理性及可行性，并通过勘察确定基站设备和天馈线系统具体安装方案，以指导施工单位进行工程实施。

通过本任务的学习，能够掌握 5G 勘察过程中室内机房和室外天面的勘察要点和勘察流程，具备 5G 工程勘察能力；能独立正确地完成 5G 勘察报告的撰写。

任务目标

- 掌握基站工程勘察流程。
- 掌握基站工程勘察要点。
- 掌握基站工程勘察报告编写。

知识准备

2.2.1 基站工程勘察的目的和作用

基站工程勘察是工程实施前的一个重要环节，主要目的是通过现场勘察获得可靠数据，为工程设计、网络规划及将来的工程实施奠定基础。通过相关专业人员的现场勘察，判断现场是否适合建站 / 设局；如果适合，就确定采用哪种方案建站 / 设局。

基站工程勘察的作用主要为确定后期的建设方案，通过现场勘察获取可靠的数据。勘察可分为 3 个方面：首先通过现场实地勘察来判断站点是否适合建站，如果不适合，需尽早更换站址；其次初步确定建设方案，为将来工程设计、网络规划、排产发货、工程调测等取得准确的数据；最后通过现场勘察，对将来工程实施中可能会遇到的困难有个预知，如在风景区新建站点就必须考虑基站与环境协调一致。

2.2.2 基站工程勘察流程

基站工程勘察流程：从勘察人员接受到勘察任务起，到勘察完成，提交勘察数据为止。基站工程勘察的流程如图 2-24 所示。

在基站工程勘察的流程中主要环节如下。

（1）签发工程勘察任务书。

（2）勘察任务审核。

（3）勘察任务安排。

（4）工程勘察准备。

（5）制订工程勘察计划。

（6）工程现场勘察，第一次环境验收。

（7）勘察文档制作。

（8）勘察评审。

（9）文档处理。

2.2.3 环境勘察的要点

1. 机房室内环境检查

运行环境对设备影响很大，在工程设计时，首先应考虑运行环境可使设备良好工作，避免将机房设在高温、易燃、易爆、低压及有害气体地区；避开经常有大震动或强噪声的地区；尽量避开降压变电所和牵引变电所。另外，机房的配套设施（如供电、照明、通风、温控、地线、铁塔等）也将影响到设备的安装、运行及操作和维护。机房环境检查，用于安装 BBU 基站设备的机房，在安装前应检查下列项目。

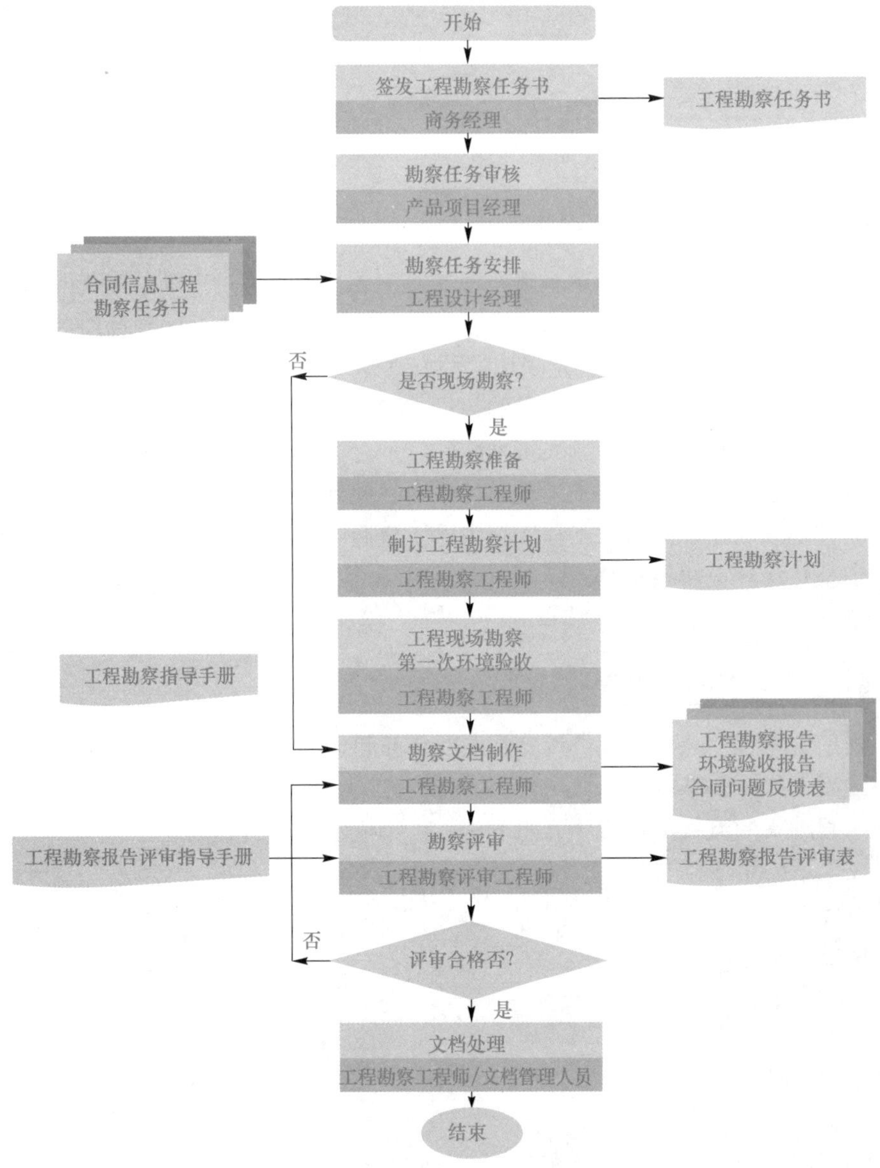

开始

签发工程勘察任务书
商务经理

工程勘察任务书

勘察任务审核
产品项目经理

合同信息工程勘察任务书

勘察任务安排
工程设计经理

是否现场勘察?
否
是

工程勘察准备
工程勘察工程师

制订工程勘察计划
工程勘察工程师

工程勘察计划

工程现场勘察
第一次环境验收
工程勘察工程师

工程勘察指导手册

勘察文档制作
工程勘察工程师

工程勘察报告
环境验收报告
合同问题反馈表

工程勘察报告评审指导手册

勘察评审
工程勘察评审工程师

工程勘察报告评审表

评审合格否?
否
是

文档处理
工程勘察工程师/文档管理人员

结束

图 2-24　基站工程勘察的流程

（1）机房的建设工程应已全部竣工，机房面积适合设备的安装、维护。

（2）室内墙壁应已充分干燥，墙面及顶棚涂以不能燃烧的白色无光漆或其他阻燃材料。

（3）门及内外窗应能关合紧密，防尘效果好。

（4）如需新立机架，建议机房的主要通道的门高大于 2 m，宽大于 0.9 m，以不妨碍设备的搬运为宜，室内净高 2.5 m；否则无此要求。

（5）地面每平方米水平差不大于 2 mm。

（6）机房通风管道应清扫干净，空气调节设备应安装完毕，性能良好，并安装防尘网。

（7）机房要求温度保持在 −10℃～ 55℃，湿度要求为 5% ～ 99%。

（8）机房照明条件应达到设备维护的要求，日常照明、备用照明、事故照明 3 套照明系统应齐备，避免阳光直射。

（9）机房应有安全的防雷措施，机房接地应符合要求。

（10）机房地面、墙面、顶板、预留的工艺孔洞、沟槽均应符合工艺设计要求。工艺孔洞通过外墙时，应防止地面水浸入室内。沟槽应采取防潮措施，防止槽内湿度过大。所有的暗管、孔洞和地槽盖板间的缝隙应严密，选用材料应能防止变形和裂缝。

（11）各机房之间相通的孔洞、布设缆线的通道应尽量封闭，以减少两室间灰尘的流动。

（12）应设有临时堆放安装材料和设备的场所。

（13）机房内部不应通过给水、排水及消防管道。

（14）为了设备长期正常稳定地工作，设备运行环境的温湿度应满足一定要求。若当地气候无法保证机房的四季温湿度符合要求时，用户则应在机房内安装空调系统。

2．基站天面环境检查

由于 5G 基站使用的频段较高，因此波长越短，绕射（衍射）能力越弱，在传播上损耗越大，无线信号传输距离越短，5G 基站的覆盖能力相对越差。因此，5G AAU 安装效果对 5G 基站天面环境检查提出更加严格的要求。其中需要注意的要点如下。

（1）尽量避免将设备放在温度高、灰尘大，以及存在有害气体、有易爆物品及气压低的环境中。

（2）尽量避开经常有强震动或强噪声的地方。

（3）尽量远离降压变电所和牵引变电所。

（4）检查天面的空间：天面上是否有足够的空间用来安装天线，天线正对方向 30m 内不要有明显的障碍物。

（5）检查天面的承重：楼顶的承重（大于 150 kg/m^2）、铁塔的承重是否能够满足设备的安装要求。

（6）检查上天面方式：说明上到天面的方式是内爬梯还是外爬梯，是否需要钥匙。

（7）检查抱杆的安装方式：在楼顶安装天线时，需要准备用于固定天线的抱杆。抱杆的高度应满足网络规划的要求，抱杆直径满足 60 ～ 120 mm，建议抱杆直径为 80 mm，同时应考虑防风和防雷的要求。采用抱杆安装天线，每根抱杆应分别连接至避雷带。与接地线的连接处需做好防锈、防腐蚀处理。

（8）核查天面最大风速：当地的最大风速情况。

（9）天面的气候情况：当地的雨水、雷电情况。

（10）测量天面的高度。

（11）检查铁塔安装类型及高度，如落地塔、楼顶塔、单管塔或网格塔，检查塔体是否有良好的接地措施，检查塔身布线时能否进行线缆接地，塔体上是否有单独的接地扁铁等。

（12）电磁环境：天面是否有其他无线设备天线，若有则应注明频段和功率，是否满足隔离度要求。

（13）勘察线缆从天线到机房的走线路由，走线路由的原则是使线缆最短、走线最方便，若线缆需要沿建筑物外墙走，则需要考虑线缆安装和维护的方便。

（14）避雷针要求与全向天线的水平距离不小于 1.5 m，同时要求天馈设备安装位置在避雷针的保护范围内，空旷地带和山顶保护范围为 30°，其他地域为 45°。定向天线的避雷针可直接安装在抱杆顶端。

（15）保证 GPS 接收天线上部 ±50° 范围内没有遮挡物。GPS 天线应处于避雷针下 45° 角的保护范围内。

（16）在采用铁塔方式安装天线时，需要安装铁塔。铁塔的设计和安装必须满足通信系统相关规范的要求，一般要求能够承受 200km/h 的风速。铁塔系统的防雷接地系统必须满足规范要求。

（17）检查女儿墙的厚度、高度、材质，是否适合在女儿墙上钻孔安装设备或支架。

3. 机房室内布置

机房的布局包括走线架布置和 BBU 安装位置。若需新设机柜，则机柜的摆放位置应充分考虑线缆到 BBU 的方向，馈线应尽可能短且弯曲弧度不应太大；若需要两个以上的机架时，则主机架尽量放在中间位置。此外，新设机柜的布置采用一排还是多排（与其他设备放同一机房时），由机房的大小和机柜的数量来决定。建议机柜布置满足以下要求。

（1）一排机柜与另一排机柜之间的距离不小于 0.8 m。

（2）机柜正面与障碍物的距离不小于 0.8m，由于 BBU 机柜需要后开门，机柜背面与障碍物的距离也不应小于 0.8 m。

（3）机柜的放置应便于操作，当多机架并排时，机柜排列应整齐美观。

（4）机柜左侧面与墙面的距离应大于 40 cm，右侧面与墙面的距离应大于 20 cm。

任务实施

2.2.4 5G 基站勘察

1. 勘察前的准备阶段

1）勘察工具准备

基站工程勘察过程中，可能使用到的工具和测试仪器如表 2-9 所示。

表 2-9　勘察工具准备

	数码相机	卷尺	测试手机	GPS	测距仪	指南针	望远镜
勘察工具			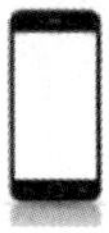				

2）勘察资料准备

基站工程勘察过程中，可能需要使用的资料如下。

（1）勘察记录用表。

（2）在电子地图上找出要勘察站点的经纬度，并对比周围基站的情况做进一步了解，如站间距、新建站点海拔高度与相对高度等情况。

（3）了解新建站点的覆盖范围、覆盖目标及容量目标，初步断定其配置、方向角。

（4）了解站点位置的传输网络，初步确认传输网络路由、网络结构、容量。

（5）初步了解基站的建设方式，如建设室内站还是室外站，是否为拉远站，是否采用直流远距离供电等基础信息。

（6）若是共站建设则要了解老站的相关信息，如机房大小、电源与电池的伏安数、机房设备图。

3）勘察其他准备

（1）联系好运营商的负责人，定好勘察时间、车辆等。

（2）联系好当地的选点带路人，确定好见面的时间、地点。

（3）联系好机房代维人员，提前获得机房钥匙。

2．室内机房的勘察

（1）绘制机房平面草图并记录机房长、宽、高尺寸，同时对机房进行全面拍摄记录，必须站在机房 4 个角落，尽量把机房设备的摆放情况全面地拍摄下来。

（2）在草图上绘制机房已有设备的安装位置及尺寸，并记录使用情况，要对各个设备进行正反两面整体进行拍摄记录，需要对已有设备的内部情况进行拍摄记录，如设备机柜内 BBU 摆放情况、电源设备的端子使用情况、浮充数值、传输端子（ODF/DDF）使用情况、电池容量、机柜内空间大小等。

（3）绘制记录机房走线架及馈线窗、接地排的安装位置和尺寸，对于其使用情况进行记录。

（4）注意，机房的大小是否满足新增设备，如果是新增 BBU，那么设备柜内是否有足够的空间摆放。同时，要了解电源端子、传输端子、电池容量等情况是否满足新增设备的要求，如果不满足，那么是否有足够的空间扩容。

3．室外天面的勘察

（1）记录站点天面经纬度，并对 GPS 数值进行拍照。

（2）现场定好天线安装的位置及覆盖范围，并站在楼房边缘的位置拍摄 360° 环境照片，每 45° 照一张，共 8 张，确保天线安装覆盖方向 100 m 内不能出现明显的阻挡物。

（3）确定天线的方向角及下倾角，覆盖目标的距离，使用坡度仪测量下倾角，使用指南针测量天线的方位角，利用测距仪确定天线挂高。

（4）对站点天面进行拍照，要求站在天面的 4 个角落对天面进行全面无死角的拍照，若天面过大，则需要站在天面中央对天面四周进行拍照，并对要安装天线的位置进行重点拍照。

（5）绘制天面草图，草图上标注尺寸要精准，将天面周边的能占用天面的物件进行详细测量并记录，草图内容必须要能反映出楼宇天面上的所有物件。

（6）如果站点天面存在共站点天线或其他运营商，需要对其天线与设备的位置、挂高、走线等进行拍摄记录，并在草图上体现。

（7）需要注意天线的架设有多种建设形式，如站点天面在楼顶环境，架设天线可以采用 3 m/6 m/9 m 的美化天线，也可以采用 3 m/6 m 的抱杆，或者使用 9 m/12 m/15 m 的增高架；如果站点楼宇高度不足，那么可以采用 40 m/50 m 的铁塔，如果站点需求为街道补盲，那么可以考虑路灯杆。表 2-10 所示为天线架设类型所示。

（8）从常规角度来看，城区建议天线挂高不超过 40 m，下倾角度不超过 10°。

表 2-10　天线架设类型

美化天线	抱杆	增高架	铁塔	路灯杆

4．勘察后数据整理

（1）按勘察的实际信息填写电子档勘察记录表。

（2）整理拍摄的照片，按照机房、天面、方向与站点的覆盖区域进行命名。

（3）按照草图绘制电子档站点图纸。

（4）归档勘察资料。

（5）将整理归档的勘察资料找到相应的负责人签字确认。

课后复习及难点介绍

5G 基站设备清点

现网案例

表 2-11 所示为 5G 基站勘察报告实例。

表 2-11　5G 基站勘察报告实例

5G 基站勘察信息表			
1.1　项目信息			
用户名称:	南京移动	项目名称:	江苏省南京市中国移动 ××× 项目
基站类型:	5G 宏站	配置:	S111
站名:	鼓楼区凤凰西街 ××× 站点	站号:	53×××
1.2　勘察人员信息			
设计院勘察人:	×××	××× 公司勘察人	×××
1.3　建筑物 / 基站信息			
基站详细地址（如站址变更请注明）:	鼓楼区凤凰西街端木 ×××		

续表

<table>
<tr><td>GPS 位置</td><td>经度（N）：</td><td>118.××788</td><td>纬度（E）：</td><td>32.0××24</td><td>海拔（H）：</td><td colspan="2">27 m</td></tr>
<tr><td>基站天线所在位置地形描述</td><td>平原☑</td><td>山地□</td><td colspan="5">其他：</td></tr>
<tr><td rowspan="2">站点位置所属环境</td><td>风景区□</td><td>工厂□</td><td colspan="2">居民住宅区□</td><td colspan="3">公园□</td></tr>
<tr><td>校园区□</td><td>农村□</td><td colspan="2">商业区☑</td><td colspan="3">其他：</td></tr>
<tr><td>基站类型</td><td colspan="2">独立站址□</td><td colspan="5">共站址☑</td></tr>
<tr><td colspan="8">2.1　天馈系统</td></tr>
<tr><td>5G 天线的方位角</td><td>设计院方案设计值：</td><td>0/140/240</td><td>实际安装值</td><td>未装则请空</td><td>勘察人员的建议值：</td><td colspan="2">0/140/240</td></tr>
<tr><td>5G 天线的机械下倾角</td><td>设计院方案设计值：</td><td>3/3/3</td><td>实际安装值</td><td>未装则请空</td><td>勘察人员的建议值：</td><td colspan="2">3/3/3</td></tr>
<tr><td>5G 天线的电子下倾角</td><td>设计院方案设计值：</td><td>6/6/6</td><td>实际安装值</td><td>未装则请空</td><td>勘察人员的建议值：</td><td colspan="2">6/6/6</td></tr>
<tr><td>天线型号：</td><td>AP××××</td><td>天线位置：</td><td>落地塔□</td><td>房顶塔□</td><td>抱杆☑</td><td>山顶塔□</td><td>其他：</td></tr>
<tr><td colspan="2">天线总挂高（单位：m）</td><td>Sector1：</td><td>27</td><td>Sector2：</td><td>27</td><td>Sector3：</td><td>27</td></tr>
<tr><td>天线外观</td><td>Sector1</td><td>美化天线□</td><td>普通天线☑</td><td>集束天线□</td><td>其他：</td><td>共天线系统：□</td><td></td></tr>
<tr><td>天线外观</td><td>Sector2</td><td>美化天线□</td><td>普通天线☑</td><td>集束天线□</td><td>其他：</td><td>共天线系统：□</td><td></td></tr>
<tr><td>天线外观</td><td>Sector3</td><td>美化天线□</td><td>普通天线☑</td><td>集束天线□</td><td>其他：</td><td>共天线系统：□</td><td></td></tr>
<tr><td colspan="2">GPS 天线是否规范</td><td>馈线类型</td><td colspan="2">7/8// □　1/2 " ☑
其他□</td><td colspan="2">7/8" □　1/2 " ☑
其他□</td><td>7/8" □　1/2 " ☑
其他□</td></tr>
<tr><td colspan="8">2.2　RRH</td></tr>
<tr><td colspan="2">RRH 安装方式</td><td colspan="2">室内安装□</td><td colspan="2">室外楼顶安装☑</td><td colspan="2">室外铁塔安装□</td></tr>
<tr><td colspan="2">跳线长度（RRH 到天线）（单位：m）</td><td>Sector1：</td><td>3</td><td>Sector2：</td><td>3</td><td>Sector3：</td><td>3</td></tr>
<tr><td colspan="8"></td></tr>
<tr><td colspan="8">2.3　RF 覆盖目标</td></tr>
<tr><td colspan="8">S1：道路、居民区
S2：居民区、道路、商铺
S3：道路、居民区
周围大部分为 6 层左右居民楼，其中 45°～120°方向为成片高层小区居民楼</td></tr>
<tr><td colspan="8">2.4　天线正前方是否存在障碍物（山、高层建筑、本楼等）</td></tr>
<tr><td colspan="8">S1：无阻挡
S2：无阻挡
S3：无阻挡</td></tr>
</table>

续表

2.5　共站隔离距离情况

类别	是	否	备注
5G 与其他无线设备是否共站？	☑	☐	GSM/DCS/TDSCDMA/WCDMA/CDMA/FDD-LTE/TDD-LTE

如果是，两个系统天线的水平距离（m）	Sector1：	垂直 / 垂直 / 2 m/ 垂直 / 垂直	Sector2：	垂直 / 垂直 / 2 m/ 垂直 / 垂直	Sector3：	垂直 / 垂直 / 2 m/ 垂直 / 垂直
如果是，两个系统天线的垂直距离（m）	Sector1：	2 m/2 m/ 水平 /8 m/8 m	Sector2：	2 m/2 m/ 水平 /8 m/8 m	Sector3：	2 m/2 m/ 水平 /8 m/8 m

5G 与其他无线系统在 50 m 范围内共存情况	同楼顶有一 12 米高联通电信共享塔

2.6　塔

铁塔的类型	单管塔☐	拉线塔☐	四方塔☐	其他：楼顶抱杆
平台高度（按从上到下的顺序 P1、P2、P3，单位：m）	P1____m	P2____m	P3____m	
平台形状（圆形、方形、六边形）：				
是否需要新平台？	否			
铁塔到机房的水平距离：	10 m			

2.7　基站周围无线环境

当前环境	北	东	南	西
地理位置：	2	2	2	2
地形：	4	4	4	4

环境分类	1	2	3	4	5	6
地理位置	闹市区	市区	远市区	郊区	远郊	乡村
地形	大山	小山	丘陵	平原		

设计院设计的天线方向照片

Sector1（0°）	Sector2（140°）	Sector3（240°）

实际安装的天线方向照片

Sector1（×× 度）	Sector2（×× 度）	Sector3（×× 度）
如果扇区方位角安装符合设计的角度，需写明“安装方位角符合设计值”。不符的时候贴入照片），未安装请空		

续表

勘察建议的天线方向照片		
Sector1（×× 度）	Sector2（×× 度）	Sector3（×× 度）
都需要将角度填入 Sector（×× 度），自己的勘察建议值下需要贴入照片		
天线特写照片（已安装的贴入已安装的天线照片，未安装的贴入设计位置照片）		
Sector1	Sector2	Sector3

建议的天线安装位置照片		
Sector1	Sector2	Sector1
其他天线问题照片描述		
GPS 天线	其他天线安装问题描述：	其他天线安装问题照片 1：
	问题 1： 问题 2： 问题 3： ……	（包含天面设计中遇到的问题，以及设计院方案图纸错误及未标注问题），下同
其他天线安装问题照片 2：	其他天线安装问题照片 3：	其他天线安装问题照片 4：
站点周边环境照片		
0°	45°	90°

135°	180°	225°

续表

<table>
<tr><td colspan="2">270°</td><td colspan="3">315°</td><td>天线所在建筑整体外观</td></tr>
<tr><td colspan="2"></td><td colspan="3"></td><td></td></tr>
<tr><td colspan="6">基站环境</td></tr>
<tr><td colspan="6"></td></tr>
<tr><td colspan="2">问题描述</td><td colspan="3">调整建议</td><td>其他遗留问题或注意事项</td></tr>
<tr><td colspan="2">1. 设计的 3 个天线抱杆位置有新增抱杆的空间，但抱杆尚未安装；
2. 设计的 5G S2 天线与本楼顶同侧的 TDSCDMA 距离为 6 m，实际的 5G S2 天线与 TDSCDMA 距离为 2 m，也满足隔离要求</td><td colspan="3">勘察建议：按照设计图纸安装</td><td></td></tr>
<tr><td colspan="3">用户代表</td><td colspan="3">××× 勘察公司代表</td></tr>
<tr><td>签字：</td><td colspan="2"></td><td colspan="2">签字：</td><td></td></tr>
</table>

课后习题

1. 在进行室内机房勘察时，地面每平方米水平差不大于（　　）。

A. 4 mm　　B. 3 mm　　C. 2 mm　　D. 1 mm

2. GPS 天线应处于避雷针下（　　）角的保护范围内。

A. 45°　　B. 90°　　C. 30°　　D. 60°

3. 室外天面勘察中需每隔（　　）拍摄一张照片。

A. 45°　　B. 90°　　C. 30°　　D. 60°

实训单元：5G 工勘测量

实训目的

（1）掌握 5G 通信技术不同应用场景工程勘察的要求和流程。

（2）具备仪器仪表的使用能力。

实训内容

（1）根据任务描述完成应用场景的选择。

（2）完成站址选择和站点工勘任务。

实训准备

（1）实训环境准备。

① 硬件：具备登录实训系统的终端。

② 资料：《5G 基站建设与维护》教材、《实训系统指导手册》。

（2）相关知识要点。

① 5G 通信技术三大应用场景的特点。

② 工程勘察流程、站点要求、仪器仪表的使用。

实训步骤

1．应用场景、站点的选择

（1）打开实训系统，单击菜单栏中的“工勘测量”按钮，弹出 eMBB、uRLLC、mMTC 三大应用场景，根据任务背景描述选择对应的场景，如图 2-25 所示。

图 2-25　选择应用场景

（2）选择对应的应用场景后，根据应用场景的特点和要求进行站点选择，如图 2-26 所示。

图 2-26　选择站点

2．站点工程勘察

（1）单击所选择的站点进入站点工勘界面，如图 2-27 所示。

图 2-27　站点工勘界面

（2）根据任务描述完成工勘报表的填写。

（3）使用工勘界面的仪表完成数据采集，如图 2-28 所示。

（4）工勘报表填写完成后，单击表格左上角的“保存”按钮，完成数据保存。

图 2-28　完成数据采集

实训小结

实训中的问题：____

____

____

问题分析：____

____

____

问题解决方案：____

____

____

结果验证：____

____

____

实训拓展

请接收并完成实训系统中的工勘测量实训任务。

思考与练习

（1）机房内工程勘察的项目有哪些？

（2）机房勘察项目的内容有哪些？

实训评价

组内互评：____

____

____

指导讲师评价及鉴定：________________________________

____

____

任务 3　5G 基站设备清点

课前引导

在日常生活中，每个人都有签收快递的经历，针对普通物品和贵重物品快递的签收过程中，请你回忆一下有什么不同？5G 基站的设备同样也是通过物流进行运输最终抵达客户手中的，请思考 5G 基站设备在进行验收的过程中和进行快递验收有哪些相似之处和不同之处？

任务描述

设备到货后，需要进行开箱验货，确保运输途中设备没有损坏，再进行设备清点，确保设备数量和种类没有错误。开箱验货和设备清点无误后，要与客户一起在《开箱验货报告》上签字确认。如果设备损坏或设备数量和种类有误，需要向发货方反馈进行问题确认，以补发货物。

通过本任务的学习，需要学生理解开箱验货的流程和开箱验货的注意事项，掌握第一号包装箱、机柜木箱、小型木箱和纸箱的开箱流程和检查存放要求；了解货物堆放要求；掌握《开箱验货报告》和《补发货申请单》的填写。

任务目标

- 了解设备开箱验货的规范。
- 掌握设备开箱验货的流程。
- 掌握开箱验货问题的处理。

知识准备

2.3.1 开箱验货的流程

开箱验货的流程如图 2-29 所示。

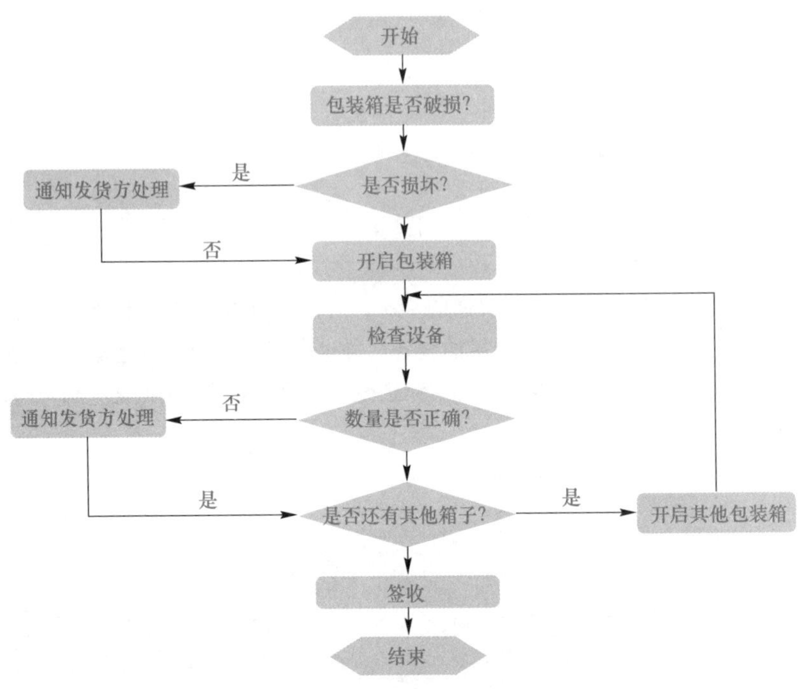

图 2-29　开箱验货的流程

2.3.2 开箱验货的注意事项

开箱验货的注意事项如下。

（1）检查各个包装箱是否完好。开箱之前，必须检查各个包装箱是否完好，如果包装箱有破损、受潮、箱体变形等问题，必须要检查包装箱的破损是否影响箱子里的设备，必须详细记录破损情况，必要时拍照记录，对于问题箱体需要现场与发货方沟通协调返厂更换。

（2）过程有序。必须按照合理的顺序开箱验货，且堆放货物按照规划方案进行。设备的全部部件清单和技术文件都放在第一件包装箱内，第一件包装箱中的文件对后续开箱有指导作用，因此应该首先开启第一件包装箱。

（3）动作合理，避免受伤。开箱动作要合理，一方面要保证设备不损坏；另一方面要注意保护自己和合作伙伴，确保不受伤。开箱过程中要轻拿轻放，以防损坏设备的表面涂层。

（4）使用工具得当。不同的箱子需要不同的工具开启，不同的设备需要不同的工具搬运。必须选择合适的工具，才能开箱顺利，避免损坏设备。

（5）防静电。要特别注意电路板的防静电要求，不要撕破电路板的防静电袋。

（6）数据完整。各种箱子中的设备种类繁多，一定要和装箱清单一一对照，确保不遗漏记录，也不多记录。

任务实施

2.3.3 开箱概述

通信设备是贵重的电子系统设备，在运输过程中有良好的包装及防水、防震动标志。在设备抵达地点后，要防止野蛮装卸、日晒雨淋。开箱前，必须确保相关方都在场方可开箱验收。开箱前，应按各包装箱上所附的货运清单点明总件数，检查包装箱是否完好。

包装箱有木箱和纸箱两种。

（1）木箱一般用于包装大型设备，如机柜用一个较大的木箱包装，机柜的门板各自用较小木箱包装。其他的材料和物件可以直接放在大木箱里，也可以用纸箱包装好并注明设备种类后，再放入大木箱中。

（2）纸箱一般用来包装小型设备、各种电路板、终端设备和辅助材料。

所有木箱和纸箱需要都需要标明箱子的序号和箱子的总数。第一件包装箱里应附有《开箱验货报告》和《设备装箱清单》。

2.3.4 开箱工具准备

开箱前准备工具清单如表 2-12 所示。

表 2-12　开箱工具准备

防刺防砸安全鞋	锤子	撬棍	美工刀	护目镜	防割手套

2.3.5 开箱流程

包装箱开箱流程如图 2-30 所示。

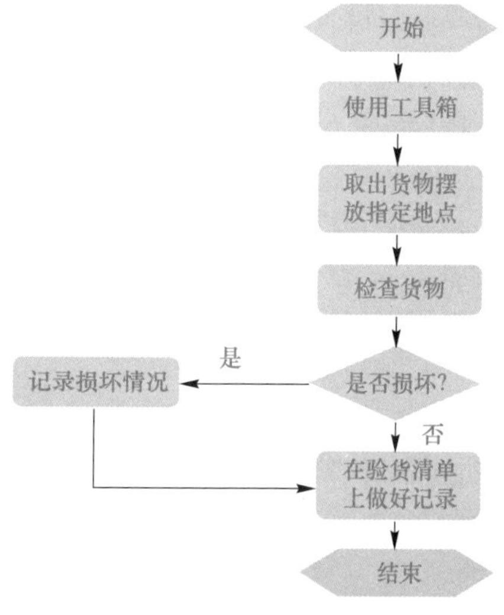

图 2-30　开箱流程

2.3.6 第一号包装箱的开启

包装木箱的结构基本一样，由于所包装的设备大小不同，因此包装木箱的大小有区别，但是开箱方法基本一致。包装木箱外观如图 2-31 所示。

1. 开箱过程

先找到一号包装木箱，再开启。木箱开箱示意图如图 2-32 所示。

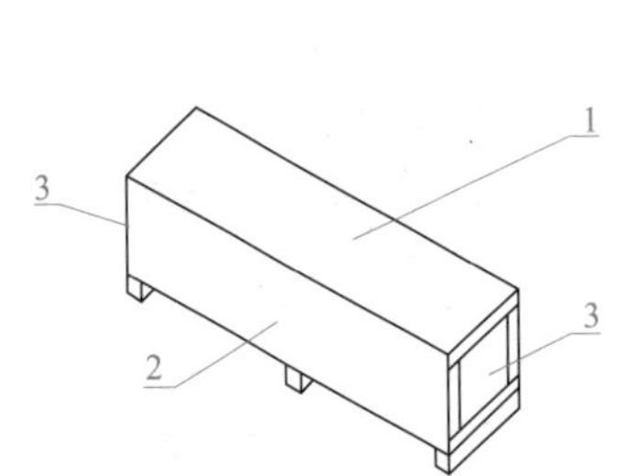

图 2-31　包装木箱外观

1- 上盖板；2- 两端侧板；3- 侧板

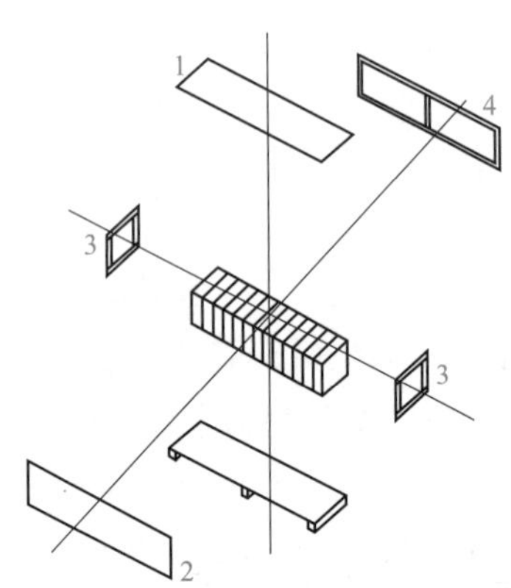

图 2-32　木箱开箱示意图

1- 拆开上盖板；2- 拆开前侧板；3- 拆开侧板（两端）；4- 拆开后板

木箱开箱的步骤如下。

（1）将木箱水平放置，用铁锤将撬棍由上盖板打入箱内约 5 cm，下压撬棍尾部，使盖板上翘，沿上盖板四周重复上述动作，直至取下上盖板（储运标志的箭头方向为上盖）。

（2）拆开前侧板。

（3）拆开两端侧板。

（4）拆开后板。

注意：使用撬棍时注意不要触及箱内设备，以免损坏设备。木箱固定铁钉锋利，应慎防铁钉伤人。

2. 清点箱子数量

一般情况下，木箱内有多个纸箱，1 号纸箱里放有《开箱验货报告》和《设备装箱清单》。有时设备相关资料也会单独邮寄，此时可直接获取。

根据《设备装箱清单》上的装箱单号，找到所对应的包装箱，然后确认数量是否与装箱清单一致。若实物与清单不符合，则应联系发货方确认解决方法。

3. 规划货物堆放方案

如果设备较多，开箱之后，设备必须堆放有序，便于安装时按需搬运。因此，必须事先规划面积足够的区域，用于堆放设备。

拿到《设备装箱清单》后，就可以根据设备安装次序，规划堆放方案。堆放方案示例如图 2-33 所示。

堆放的原则如下。

（1）要根据房间大小综合考虑堆放区域，如果临时面积较大，堆放区域可以宽松一些；如果可用面积较小，堆放区域必须紧凑。

（2）堆放区域应距墙较近。

（3）设备较多时，要分成几个独立区域堆放，前后左右留有 1 m 以上的过道。

（4）先用的设备、物料放在外面。

（5）对于纸箱需要多层堆放时，不要超过 4 层（若纸箱上标明了堆放层数限制，则以标明的信息为准），重量轻且需要先用到的物品放在上面。规划堆放方案要充分估计设备可能占用的面积，以及设备的安装顺序。

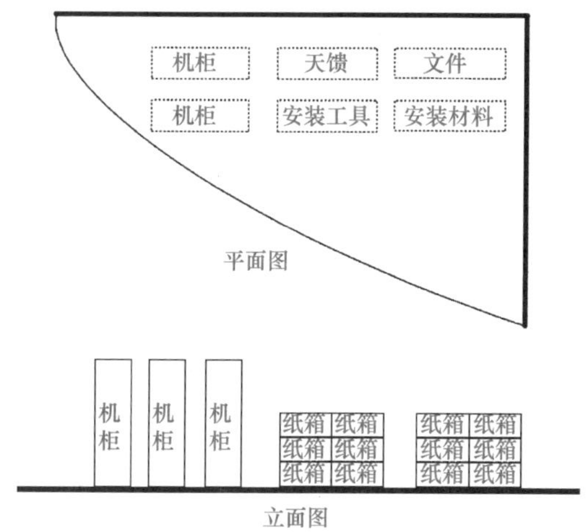

图 2–33　堆放规划图

2.3.7 机柜木箱的开箱

机柜木箱的开箱步骤类似于第一个木箱的步骤。机柜木箱外观如图 2–34 所示。

机柜在包装木箱内由塑料袋包裹，各棱边使用枕垫做保护，并用胶带妥善固定，机柜在木箱内的包装示意图如图 2–35 所示。

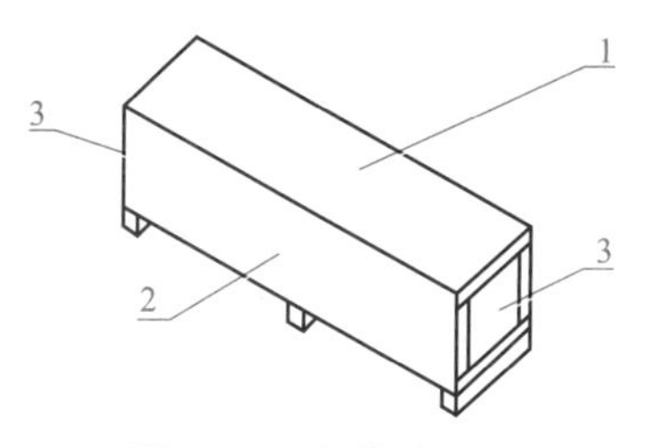

图 2–34　木箱外观

1– 上盖板；2– 侧板；3– 两端侧板

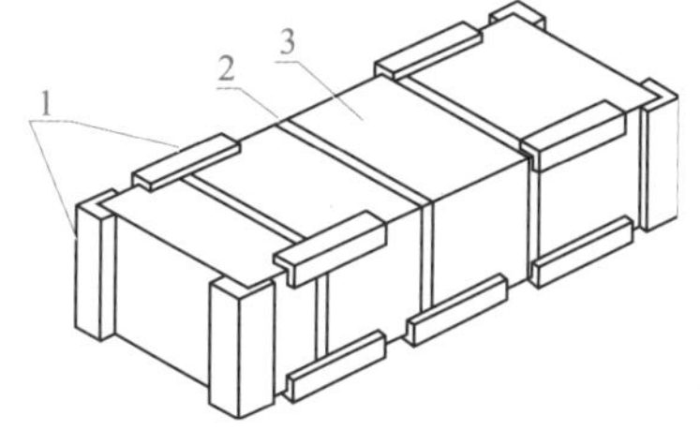

图 2–35　设备机柜包装示意图

1– 枕垫；2– 胶带；3– 机柜

1．开箱过程

机柜木箱开箱示意图如图 2–36 所示。

机柜木箱由箱体、泡沫包角、胶带、衬板、托架等包装材料组成。开箱前，最好将包装箱搬至机房或机房附近进行开箱，以免搬运时造成损坏。

机柜木箱开箱的步骤如下。

（1）将木箱水平放置，用铁锤将钢钎由上盖板打入箱内约 5 cm，下压钢钎尾部，使盖板上翘，沿上盖板四周重复上述动作，直至取下上盖板（储运标志的箭头方向为上盖板）。

（2）拆开前侧板。

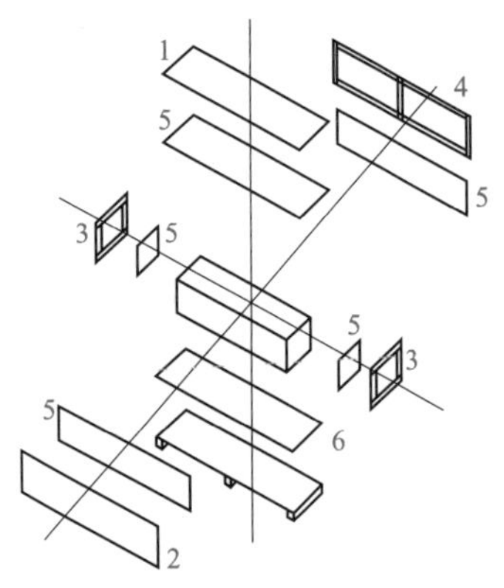

图 2-36 机柜木箱开箱示意图

1- 拆开上盖板；2- 拆开前侧板；3- 拆开侧板（两端）；4- 拆开后板；5- 移开泡沫板；6- 打开防湿用塑料薄膜

（3）拆开两端侧板。

（4）拆开后板。

（5）移开泡沫板。

（6）打开防湿用塑料薄膜。

（7）将机柜小心取出木箱，除去机柜上的枕垫、塑料袋包装物。

（8）如果需要立即安装，应首先将机柜底部的 4 个支脚按逆时针方向旋下，以保证竖立后设备高度保持一致。

有的机柜必须竖立放置，其开箱方法略有不同，步骤如下。

（1）将木箱水平放置，用铁锤将钢钎由上盖板打入箱内约 5 cm，下压钢钎尾部，使盖板上翘，沿上盖板四周重复上述动作，直至取下上盖板（储运标志的箭头方向为上盖）。

（2）把木箱立起，注意支脚朝下。

（3）从箱中拉出机架，注意拉出之前不能去除机架包装胶带。

（4）去除机架包装胶带。

（5）去除机柜顶部枕垫，拆除 4 个包角，拆除前后盖板。

2．检查存放

（1）将机柜移动到规划的堆放区域。搬动机柜应至少 3 个人合力进行，可使用特殊的搬运工具，如平板运输推车。

（2）检查机柜附件是否齐全，外表是否整洁、无划痕、无松动；内部是否无污迹；接插件连接是否可靠，标识是否清晰。

（3）对于上述情况，需要一一处理，如果有损坏或缺少物件的情况，应该记录。

（4）根据设备验货清单进行验收，并做好记录。

2.3.8 小型木箱的开箱

一些较小型设备通常不配置机柜，根据设备的大小和质量直接使用相应大小的木箱或纸箱包装整机。

1．开箱过程

整机包装木箱示意图如图 2-37 所示，两侧分别贴有用户地址单和装箱清单。

整机包装木箱的开箱示意图如图 2-38 所示。

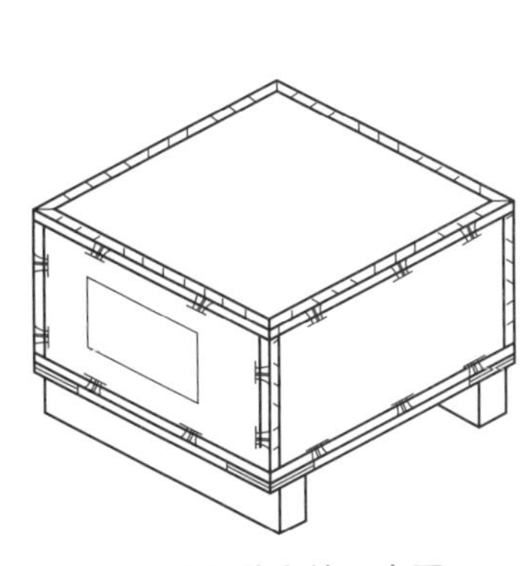

图 2-37　整机包装木箱示意图

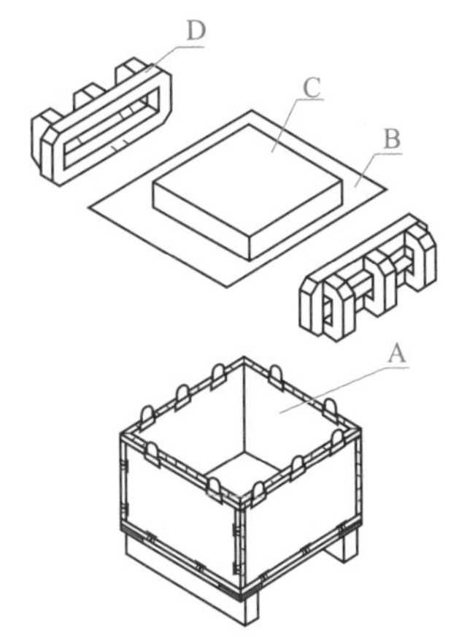

图 2-38　整机包装木箱的开箱示意图

开箱前，最好将包装箱搬至机房或机房附近进行开箱，以免搬运时造成损坏。整机包装木箱开箱的步骤如下。

（1）用工具撬开箱盖和箱体接合处的搭扣，取下盖板。

（2）将设备连同包装枕垫和塑料包装袋一起从木箱内取出。

（3）去除包装枕垫，打开塑料包装袋，取出设备，放在水平平面上。

2．检查存放

将设备移到规划的堆放区域。检查外表是否整洁、无划痕、无松动，标识是否清晰。对于上述情况，需要一一处理。如果有损坏或缺少物件的情况，应该记录。根据设备验货清单进行验收，并做好记录。

2.3.9 纸箱的开箱

纸箱一般用来包装小型设备、各种电路板、终端设备和辅助材料。单板使用专用的防静电袋、防静电海绵垫及单板包装纸盒进行包装。电路板是置于防静电保护袋中运输的。拆封时，必须采取防静电保护措施，以免损坏设备。同时，还必须注意环境温湿度的影响。防静电保护袋中一般有干燥剂，用于吸收袋内的水分，保持袋内干燥。当设备从一个温度较低、较干燥的地方拿到温度较高、较潮湿的地方时，至少必须等 30 min 以后再拆封；否则，会导致潮气凝聚在设备表面，损坏设备。

纸箱一般是放在木箱内，如果一次到达现场的设备数量较少且体积较小，那么可能没有木箱包装。

1．开箱过程

纸箱开箱过程示意图如图 2-39 所示。

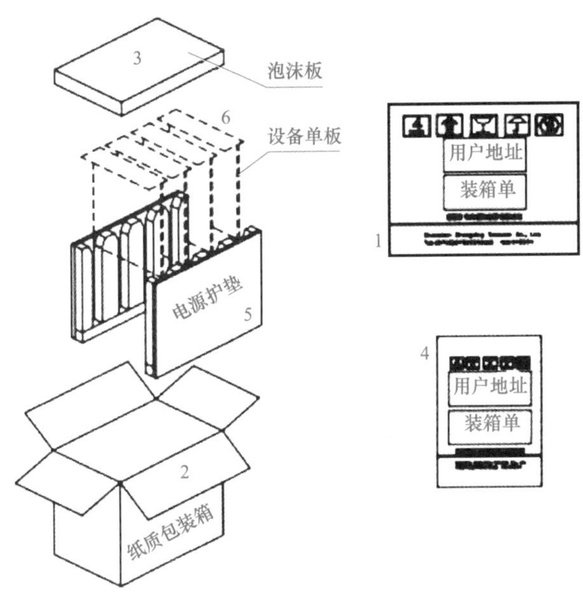

图 2-39　纸箱开箱过程示意图

1- 查看标签；2- 打开纸箱；3- 移开泡沫板；
4- 检查装箱单；5- 取出护垫；6- 取出电路板

纸箱开箱的步骤如下。

（1）查看纸箱标签，了解箱内单板的类型、数量。

（2）用斜口钳剪断打包带，用美工刀沿箱盖合缝处划开胶带，在用刀时注意不要插入过深，以免划伤内部物品，然后打开纸箱。

（3）取出泡沫板。

（4）对照内外装箱单，清点箱内物品，查看单板数量是否与注明的数量相符，当面签收。

（5）取出护垫，连同包装袋一起取出单板。

（6）打开防静电包装袋，取出电路板。

2．取出纸箱内设备 / 部件的过程

（1）打开纸箱，取出泡沫板。

（2）查看单板货物或其他货物数量是否与纸箱标签上注明的数量相符。

（3）打开防静电包装袋，取出电路板，取下干燥剂。

（4）根据设备验货清单进行清点和验收。

3．检查存放

（1）如果单板不马上使用，请不要拆开防静电包装袋。

（2）详细检查单板的型号是否与装箱单上标明的一致，有没有变形损坏。如果有此情况，必须记录并上报。

（3）暂时不用的单板仍然放在原包装箱中，并将纸箱放在规划的区域。

2.3.10 货物清点及检查

1．货物数量统计和对照

在开箱过程中，就可以对货物进行统计、检查和对照。《设备装箱清单》已经非常明确地记录了本次设备清单的种类和数量。

2．货物检查

货物检查是对设备的外观进行初步检查，目的是及时发现在运输过程中造成的设备损坏，通知有关部门及时处理，减少损失，并保留向承运人索赔的依据。检查项目如下。

（1）从木箱取出机柜后直立于坚实水平地面上，机柜无倾斜。

（2）机柜外观无凹凸、划痕、脱皮、起泡及污痕。

（3）各紧固螺钉无松动、脱落、错位等。

（4）机柜机框安装槽位完好。

（5）单板槽位引条无缺损或断裂。

（6）机柜安装所需的各种配件和附件配套完整。

（7）安装槽位识别标志完好、清晰、无脱落。

（8）机柜上汇流条、风扇、安装部位无损伤或变形。

（9）机柜表面漆无脱落、划伤。

（10）附件齐套，部件无变形和损坏。

（11）计算机没有变形。

（12）保护单板的泡沫没有破裂，单板没有扭曲变形。

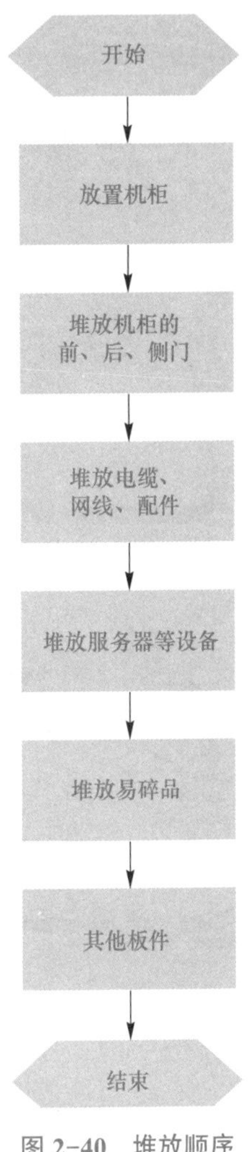

图 2-40　堆放顺序

2.3.11 货物堆放

1．堆放顺序的要求

在规划堆放方案时，就明确了堆放的顺序要求。

（1）先用的设备 / 材料 / 物件放在外面。

（2）对于纸箱需要多层堆放时，不要超过 4 层（若纸箱上标明了堆放的层数限制，则以标明的为准），质量轻且需要把先用到的物件放在上面。

（3）在堆放过程中，不能把木箱放在纸箱上面，同时木箱、纸箱的堆放层数不能超过包装箱的指示，防止货物被压坏，并且禁止堆放杂乱。

（4）在堆放过程中，对于易碎品、单板、计算机主机，不要堆放在货物的底层。

（5）堆放时，动作要轻。

2．堆放过程

一般以纸箱形式堆放，堆放顺序如图 2-40 所示。

具体堆放顺序如下。

（1）确定货物堆放的地点。

（2）堆放机柜，机柜的前、后、侧板。

（3）堆放电缆、网线、各种配件。

（4）堆放其余的服务器、板件。

3．货物品种标识

为了便于在安装过程中查找所需物件/物料，纸箱上的标识应该朝外。

如果有的纸箱没有标识标明物件 / 材料种类，必须制作标识，并粘贴在显眼的位置。

2.3.12 签收及短缺、损坏货物的处理

1．货物签收

（1）签收必须在相关方都在场时进行。验货完毕后，各方须在《开箱验货报告》上签字确认。

（2）《开箱验货报告》各方各执一份，注意及时归档。

2．短缺、损坏货物的处理

（1）在开箱验货过程中，如果发现缺货、欠货、错货、多货或者货物损坏等情况，应查明原因。

（2）对于需要补发货物的情况，应填写《补发货申请单》，及时反馈给发货方，以便进行相应处理。

课后复习及难点介绍

5G 基站设备安装

5G 基站设安装难点讲解

课后习题

1. 请画出 5G 开箱验货的流程图。
2. 请简述在开箱验货过程中，若发现短缺、损坏货物该如何处理？

实训单元：5G 设备开箱

实训目的

（1）掌握设备签收的注意事项和签收流程。

（2）具备设备硬件数量配置的能力。

实训内容

（1）按照设备签收标准完成货箱的选择。

（2）根据相应的设备数量完成设备清单的输出。

实训准备

（1）实训环境准备。

① 硬件：具备登录实训系统的终端。

② 资料：《5G 基站建设与维护》教材、《实训系统指导手册》。

（2）相关知识要点。

① 明确设备签收的标准及流程。

② 明确货箱中货物的功能。

实训步骤

（1）打开实训系统，单击菜单栏中的“设备安装”按钮，选择仓库图标，进入仓库，如图 2-41 所示。

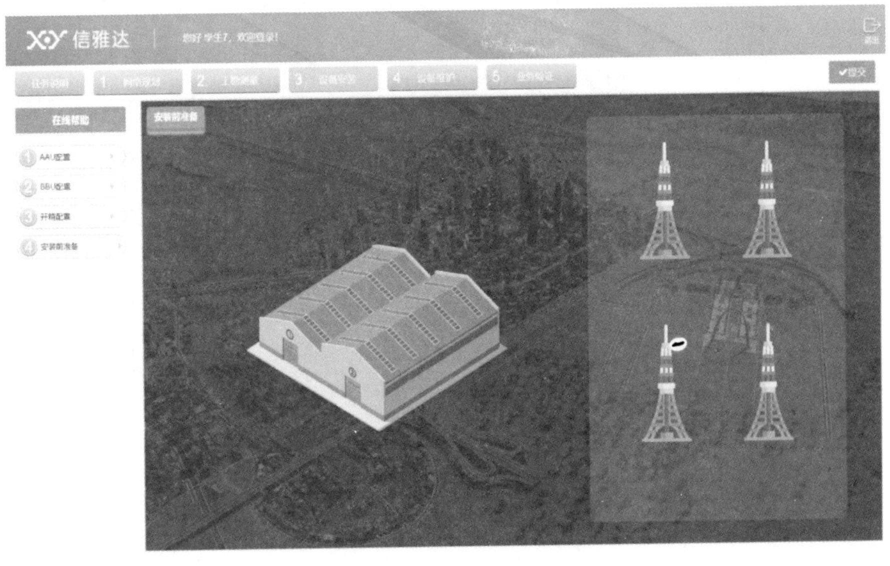

图 2-41　单击“设备安装”按钮

（2）进入仓库后，单击货架，进入货箱选择界面，如图 2-42 所示。

图 2-42　仓库界面

（3）根据货物签收标准进行货箱选择，如图 2-43 所示。

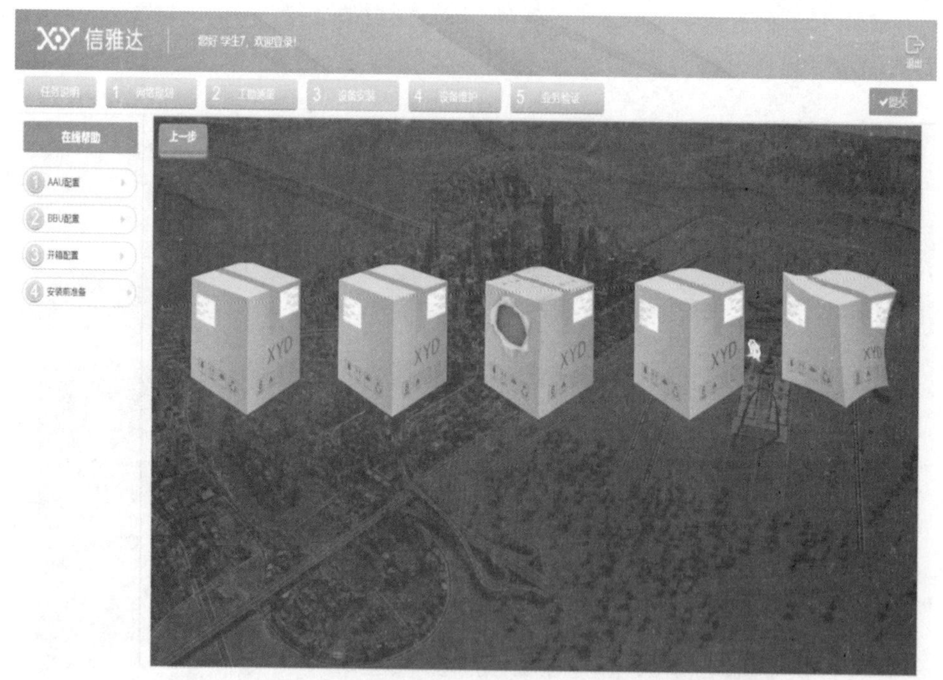

图 2-43　选择货箱

（4）选择货箱后查看货箱信息，可以根据箱体外表、信息等进行货箱更换、开箱、退货（注意，单击“更换”“退货”按钮均会返回上一界面），单击“开箱”按钮进入设备清单核对界面，如图 2-44 所示。

（5）根据设备清单的内容，选择对应的硬件图标查看数量，如图 2-45 所示。

（6）根据所显示的数量，完成设备清单表格，如图 2-46 所示。

（7）完成清单表格填写后，单击“保存”按钮完成数据保存。

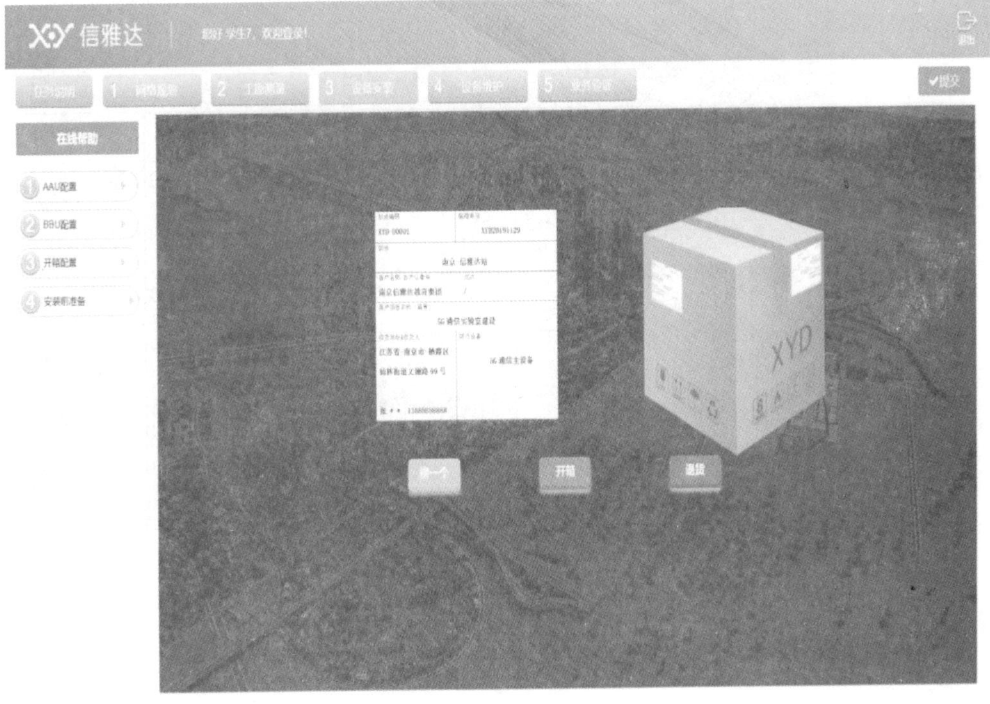

图 2-44　查看货箱信息

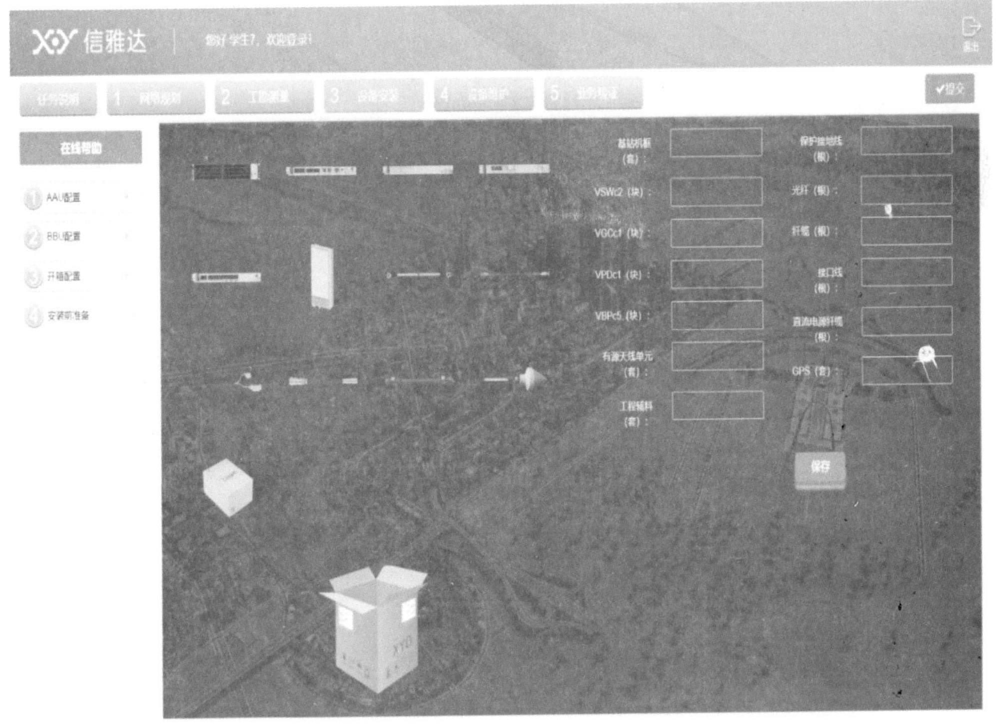

图 2-45　选择对应的硬件图标

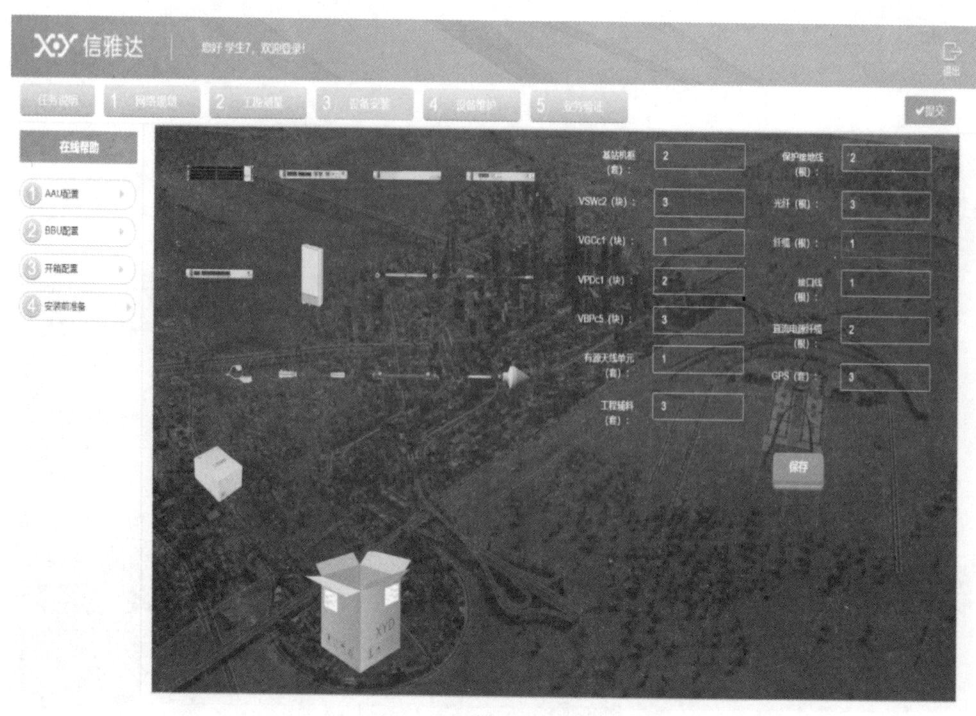

图 2-46　完成设备清单表格

评定标准

（1）选择包装完好、正确的货箱。

（2）按照实际硬件数量正确地完成设备清单的填写。

实训小结

实训中的问题：________________

问题分析：________________

问题解决方案：________________

结果验证：________________

实训拓展

请接收并完成实训系统中的安装前准备训任务。

思考与练习

（1）现实中在设备接收过程中哪些情况是需要进行退货的？退货流程是什么？

（2）设备签收需要哪些人员在签收现场？他们的角色是什么？

实训评价

组内互评：____

____

____

指导讲师评价及鉴定：____

____

____

任务 4　5G 基站设备安装

在前面的课程中介绍了 5G 基站设备的组成和设备的清点，在 5G 基站设备实际安装过程中可以分为室内安装和室外安装两个部分。请思考在室内安装和室外安装中主要安装的是哪些设备和辅材？不同类型的线缆安装过程中可能会有什么规范？

任务描述

设备到货并完成开箱验货后，即可开始硬件安装。本任务介绍 5G 基站设备硬件安装，包括机柜安装、BBU 安装、AAU 安装、单板安装、5G 线缆安装、天线方位角测量、天线倾角测量和天线挂高测量等内容。

任务目标

- 掌握机柜安装。
- 掌握 BBU 安装。
- 掌握 AAU 安装。
- 掌握单板安装。
- 掌握 5G 线缆安装。
- 掌握 GPS 天线安装。
- 掌握天线方位角测量。
- 掌握天线倾角测量。
- 掌握天线挂高测量。

知识准备

2.4.1 5G 基站硬件架构图

若要完成 5G 基站硬件安装，则需要了解 5G 基站硬件设备，请参见任务 1 。

任务实施

2.4.2 5G 基站安装流程

5G 基站安装流程如图 2-47 所示。

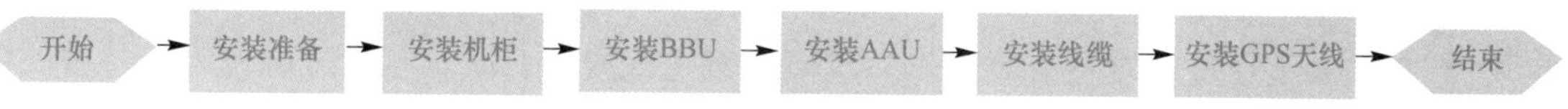

图 2-47　5G 基站安装流程

2.4.3 安装准备

1．安全说明

1）个人防护

（1）工作前，摘除可能影响设备搬运或设备安装的个人饰品，如项链、戒指等。

（2）工作时，应穿戴个人防护用品，戴上安全帽。

（3）注意设备上粘贴的安全标识及提醒或警告文字。任何条件下不得遮盖或去除设备上贴的安全标识和提醒 / 警告信息。

2）操作安全

（1）高空作业人员必须接受过相应的培训并获得资质证书，高空作业必须遵循当地法律法规和指导文件。

（2）电气设备必须由具有资质的电工进行安装或改造。不正确的电气安装会引发火灾、触电、爆炸等危及人身和财产安全的后果。

（3）设备较重，在高空作业时，如果不使用提升装置来提升设备，那么可能造成伤害。

（4）在铁塔或高处作业时，需回避雨雾等不良天气。

（5）坠落的物体可能造成严重甚至是致命的人身伤害，严禁站在重物下方。

（6）建议在气温 -20 ℃以上进行光纤类的施工。

2．环境检查

机房建设的验收要求如下。

（1）机房的建设工程已全部竣工。

（2）机房地面每平方米水平差不大于 2 mm。

（3）机房地面、墙面、顶板、预留的工艺孔洞、沟槽均符合工艺设计要求。

（4）工艺孔洞通过外墙时，应防止地面水浸入室内。沟槽应采取防潮措施，防止槽内湿度过大。

（5）所有的暗管、孔洞和地槽盖板间的缝隙应严密，选用的材料应能防止变形和裂缝。

（6）应设有临时堆放安装材料和设备的置物场所。

（7）机房附近不能有高压电力线、强磁场、强电火花，以及其他威胁机房安全的因素。

3．设备搬运的注意事项

（1）运输设备时应保留机柜外包装，能在运输过程中起到保护内部设备的作用，有效避免设备表面的擦碰损伤。对于机柜，禁止在拆除机柜包装后，裸机柜运输。

（2）设备运输到现场拆除外包装后，设备的挪动和临时停放都必须注意保护。例如，机柜临时停放时，底部要垫纸箱等缓冲材料，避免与地面和周边物体直接擦、磕、碰。

（3）站点现场搬运较重设备，如机柜时，首选使用机械进行搬运。吊运机柜时，应注意牵引，避免机柜与其他物体碰撞，导致机柜表面损伤。

（4）在站点现场搬运条件受限，需要对设备进行搬运时，应提前准备好泡沫塑料、纸板等防护材料，用于对机柜着力点和触碰点进行软隔离防护，避免设备表面的擦碰损伤。

4．设备安装的注意事项

安装时，应注意以下事项。

（1）安装人员在进行设备安装时，一定要注意个人安全，防止触电、砸伤等意外事故的发生。

（2）安装人员在进行单板插拔等操作时，应戴有防静电手环，并确保防静电手环的另一端可靠接地。

（3）手持单板时，应接触单板边缘部分，避免接触单板线路、元器件、接线头等。注意轻拿轻放，防止手被划伤。

（4）插入单板时，切勿用力过大，以免板上的插针弄歪。应顺着槽位插入，避免相互平行的单板之间接触引起短路。

（5）进行光纤的安装、维护等各种操作时，严禁肉眼直视光纤断面或光端机的插口，激光束射入眼球会对眼睛造成严重伤害。

（6）设备的包装打开后，在 24 h 内必须上电。后期进行维护时，下电时间不能超过 24 h。

5．工具准备

安装工程中，可能使用到的工具和测试仪器如表 2-13 所示。

表 2-13　工具清单

项目	工具清单		
丈量划线工具	卷尺	水平尺	记号笔
	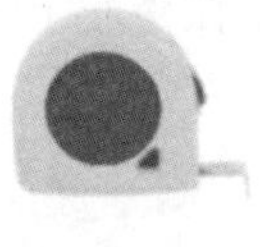		
打孔工具	电动冲击钻	配套钻头若干	吸尘器
			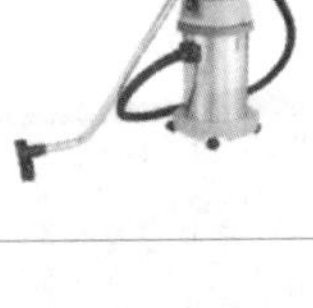

续表

项目	工具清单				
紧固工具	螺丝刀	内六角扳手	活动扳手	力矩扳手	筒扳手
钳工工具	嘴钳	斜口钳	老虎钳	液压钳	剥线钳
辅助工具和材料	轮组	绳子	安全帽	防滑手套	梯子
	电源接线板	热吹风机	锉刀	钢锯	毛刷
	美工刀	扎带	防水胶带	绝缘胶带 / 防紫外线胶带	羊角锤
专用工具	功能压接钳	网线水晶头压线钳	同轴电缆剥线器	馈线头刀具	指南针
仪器	万用表	驻波比测试仪	地阻测量仪	网线测试仪	

2.4.4 安装基站

1．机柜安装流程

机柜安装流程如图 2-48 所示。一般来说，基站安装主要是利用机房中原有的 19 英寸机柜的空余空间，这里仅介绍安装主要流程，不涉及安装机柜的操作。

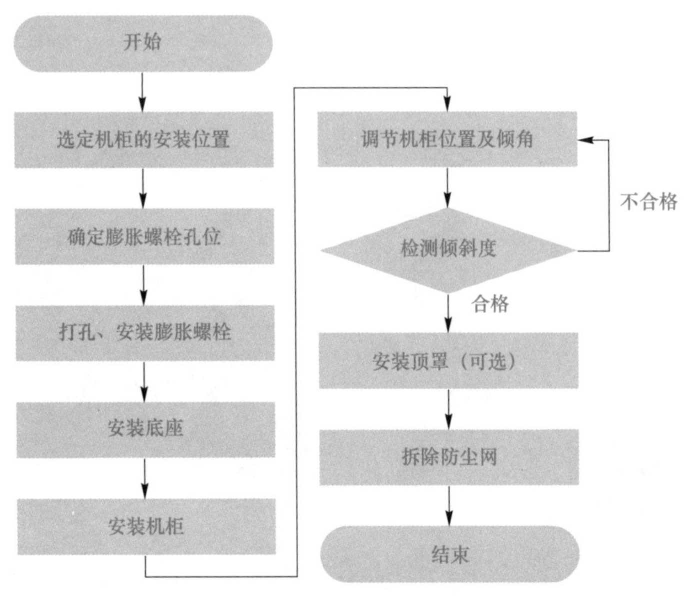

图 2-48　机柜安装流程

2．安装 14U 框架

14U 框架安装过程为可选过程，一般来说，在机房内 19 英寸机柜已有安装框架，不需要额外安装，但是实际现场可能出现 19 英寸龙门支架的情况，遇到该场景则需要考虑额外添加外部框架作为设备安装的补充，安装的框架不一定为 14U。5G 基站设备安装最小空间需要 5U，现场实施时可以根据实际情况安装符合要求的框架，具体操作如下。

（1）安装框架的扎线架步骤：将左右两侧 8 个扎线架从上到下均匀分布，用 M6 螺钉固定在 14U 框架的两侧。安装框架和扎线架如图 2-49 所示。

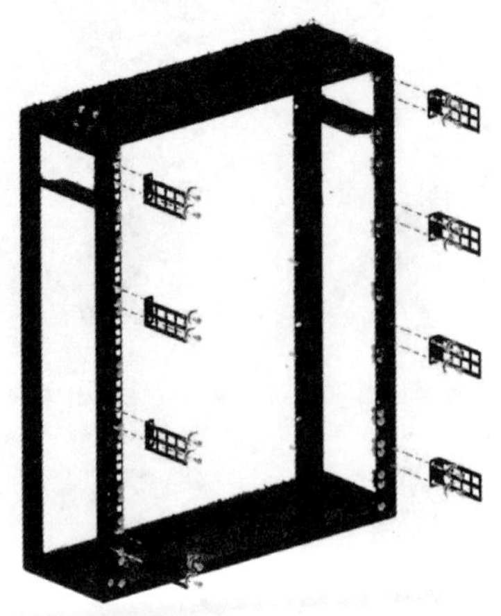

图 2-49　安装框架和扎线架

（2）安装浮动螺母：用记号笔做标记，确定浮动螺母在机架上的安装位置，然后在标记处安装浮动螺母。安装框架扎线架浮动螺母如图 2-50 所示。

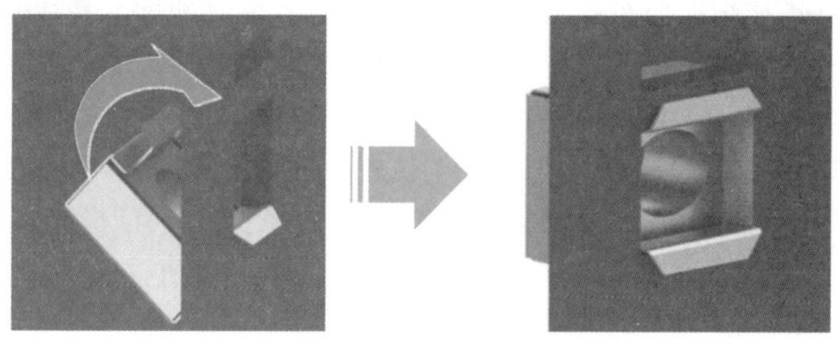

图 2-50　安装框架扎线架浮动螺母

（3）紧固 14U 框架：将 14U 框架抬至机架上的安装位置，用 M6 螺钉穿过框架安装孔，对准浮动螺母紧固。安装框架扎线架并紧固在龙门架如图 2-51 所示。

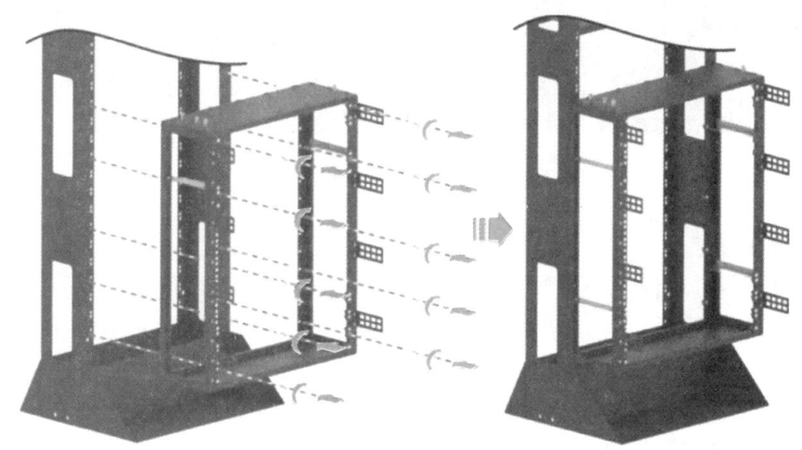

图 2-51　安装框架扎线架并紧固在龙门架

3．安装直流电源分配模块

根据设计院图纸指定的安装位置，安装机柜直流电源分配模块，直流电源分配模块用于为 BBU、AAU、RRU 提供直流电源。注意，在安装过程中需要佩戴防静电手环或防静电手套，安装流程如下。

（1）用手托电源分配模块至安装位置，并轻轻推入规划安装位置。

（2）用 M6 螺钉将直流电源分配模块紧固在 14U 框架上，安装直流电源分配模块如图 2-52 所示。

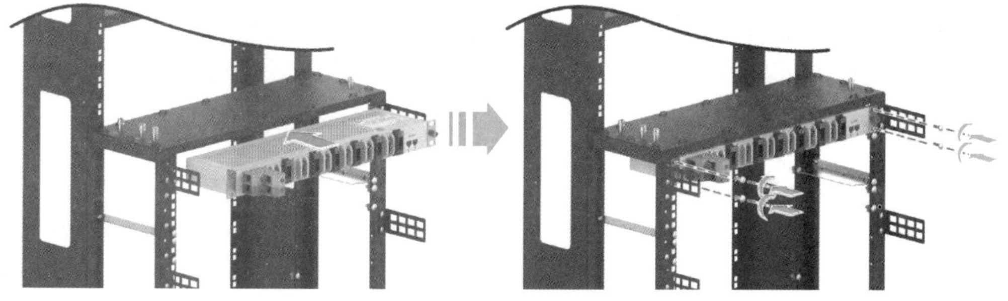

图 2-52　安装直流电源分配模块

4．安装 BBU 模块

根据设计院图纸指定的安装位置，安装 BBU 模块，BBU 模块为基带处理单元，与 RRU/AAU/Massive mIMO 连接组成分布式基站，主要负责基带信号处理。基站通过软件配置和更换相应的单板，可以配置为 GSM、UMTS、LTE、Pre5G 和 5G 等单模或多模制式。注意，安装过程中需要佩戴防静电手环或防静电手套，安装流程如下。

（1）用手托 BBU 机框移至 14U 框架的托架位置，并把 BBU 轻轻推入托架规划安装位置。

（2）用 BBU 机框面板自带的 M6 螺钉将 BBU 机框紧固在 14U 框架上，此时要注意由于托架靠前，容易滑出导轨，在机框面板螺钉未安装前，请勿将机框脱手。安装 BBU 模块如图 2-53 所示。

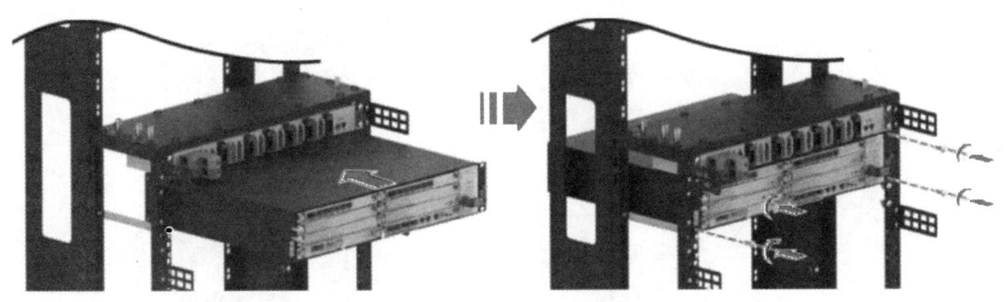

图 2-53　安装 BBU 模块

5．安装导风插箱

导风插箱为安装可选件，不是每个 BBU 都配置该设备。该设备上集成有 GPS 避雷器，安装前需确认 GPS 射频线缆已经正常连接在避雷器上。注意，在安装过程中需要佩戴防静电手环或防静电手套，安装流程如下。

（1）安装导风插箱前，需将已连接 GPS 射频线缆的避雷器安装至导风插箱内。

（2）用手托导风插箱至 BBU 机框下方，并轻轻推入。

（3）用 M6 螺钉将导风插箱紧固在 14U 框架上，安装导风插箱如图 2-54 所示。

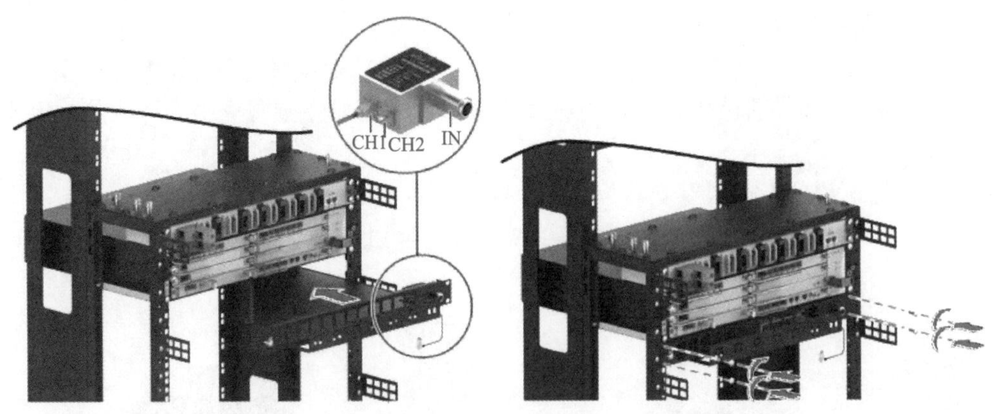

图 2-54　安装导风插箱

6．安装机柜线缆

线缆安装前须佩戴防静电手环，并确认已切断供电支路输出，并且务必要遵循线缆连接顺序。首先连接接地线缆；其次连接光纤；再次连接 GPS 射频线缆；最后连接电源线缆。通过这样的方式才能保障施工安全和设备安全。图 2-55 所示为机柜线缆连接。

（1）安装接地线缆。

安装前须佩戴防静电手环，并确认已切断供电支路输出。5G 基站设备选用的是 16 mm^2 的黄绿色接地线缆，注意两根接地线缆共用同一接地点时，安装夹角需要大于 90°。安装电源分配模块、BBU 模块和导风插箱的接地线缆，接地线缆连接方式如图 2-56 所示。

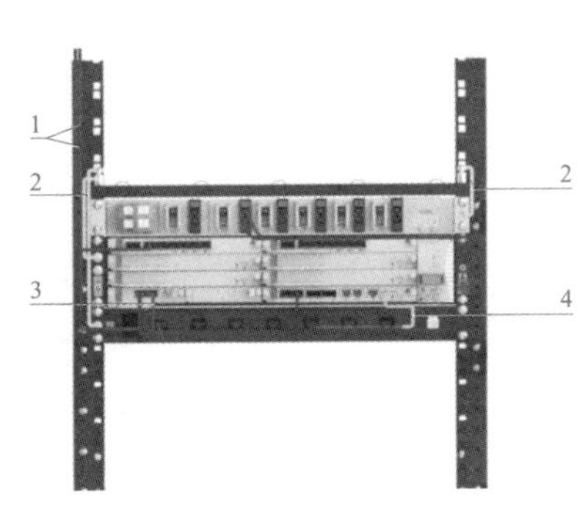

图 2-55　机柜线缆连接

1- 光纤；2- 接地线缆；3- 电源线缆；4-GPS 射频线缆

图 2-56　接地线缆连接方式

A-BBU 接地线；B- 导风插箱接地线；C- 电源模块接地线；D-14U 框架的接地线

安装步骤如下。

① 使用十字螺丝刀取下 BBU 模块、电源模块和导风插箱接地点的螺栓，将保护地线的一端固定在 BBU 模块、电源模块和导风插箱接地点。

② BBU 模块和导风插箱的保护地线另一端沿 14U 框架左侧走线，连接至 14U 框架顶部左侧的接地螺栓；电源模块的保护地线另一端沿 14U 框架右侧走线，连接至 14U 框架顶部右侧的接地螺栓。

（2）安装光纤。

安装 BBU 和 AAU 级联光纤，安装前须佩戴防静电手环，安装步骤如下。

① 在 BBU 模块中基带板上对应的位置插入光模块。

② 将光纤插入光模块中并确认听到“咔哒”声，表示光纤已正常连接，并做好光纤标签粘贴和说明。

③ 将光纤连接到基站机房的 ODF 架上，并确认光纤标签粘贴和说明。

④ 从 ODF 架上通过野战光缆连接到室外的 AAU 或 RRU 设备，并确认两端连接正确和粘贴标签。安装光纤如图 2-57 所示。

（3）安装 GPS 射频线缆。

安装前须佩戴防静电手环，安装 GPS 射频线缆的前提条件是 GPS 避雷器已经安装到导风插箱内。安装 GPS 射频线缆如图 2-58 所示。安装步骤如下。

① 把 GPS 射频线缆的一端安装到避雷器的 SMA 射频接口上。

② 将 GPS 射频线缆的另一端连接到交换板单板的 GPS 接口。

③ 在 GPS 射频线缆的两端做好标签。

（4）安装电源线。

安装前须佩戴防静电手环和确认电源开关为“OFF”状态，电源线缆严禁带电插拔。拔出电源插头时，应利用电源插头的拉环拔出，不能直接拉线缆。安装电源线示意图如图 2-59 所示。

图 2-57　安装光纤

图 2-58　安装 GPS 射频线缆

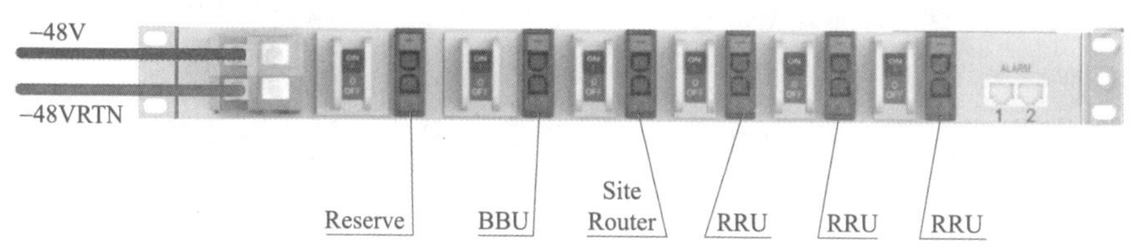

图 2-59　安装电源线示意图

安装步骤如下。

① 将电源线缆的 A 端插入 BBU 电源板的 -48V/-48V RTN 接口。

② 使用一字螺丝刀将直流电源分配模块的接线口拧开，将电源线缆的 B 端沿导风插箱外侧走线架绑扎，并连接至直流电源分配模块的接线口。电源线外观示意图和安装电源线示意图分别如图 2-60 和图 2-61 所示。

③ 在电源线缆两端正确挂上标签。

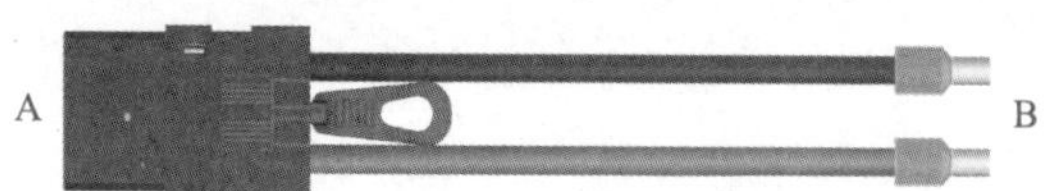

图 2-60　电源线外观示意图

图 2-61　安装电源线示意图

2.4.5 安装 GPS 天线

GPS 系统包括 GPS 天线、馈线、避雷器等，其中 GPS 馈线根据拉远长度，选择对应的 1/4 馈线、1/2 馈线及 7/8 馈线。GPS 天线安装示意图如图 2-62 所示。

（1）使用 GPS 馈线，连接 GPS 天线和 GPS 避雷器的 IN 接口。

（2）使用 GPS 跳线，连接 GPS 避雷器的 CH1 接口和 BBU 上交换板单板的 GNSS 接口。

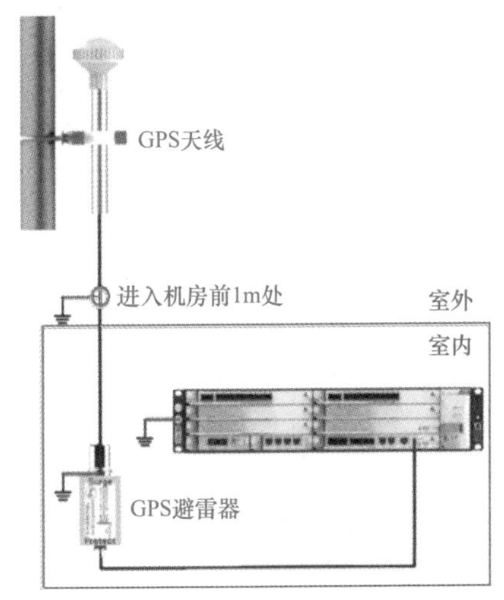

图 2-62　GPS 天线安装示意图

GPS 天线安装的注意事项如下。

（1）GPS 天线安装位置仰角需大于等于 120°，天空视野开阔无阻挡，在相同位置用手持 GPS 至少可以锁定 4 颗以上的 GPS 卫星。

（2）多个 GPS 天线一起安装时，GPS 天线的间距要大于 0.5m。禁止在近距离安装多个 GPS 天线；否则会造成天线之间相互遮挡。天线错误安装示例如图 2-63 所示。

（3）GPS 天线应安装在避雷针的 45° 保护范围内。

（4）室外的 GPS 馈线应沿抱杆可靠固定，防止线缆被风吹得过度或反复弯折。

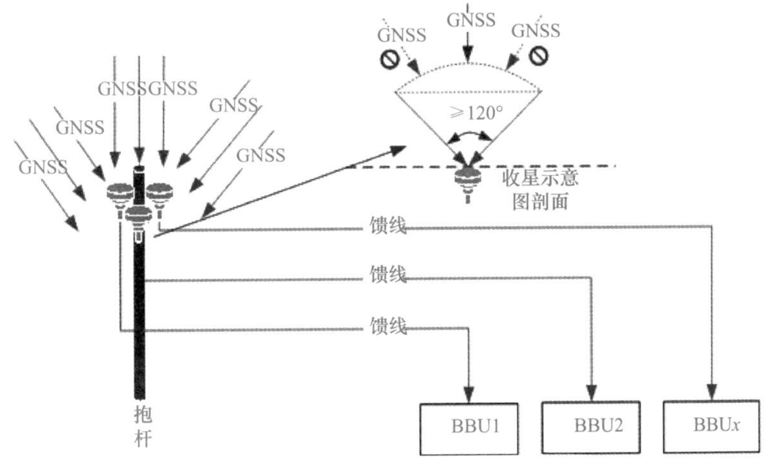

图 2-63　天线错误安装示例

抱杆安装 GPS 天线，如图 2-64 所示。

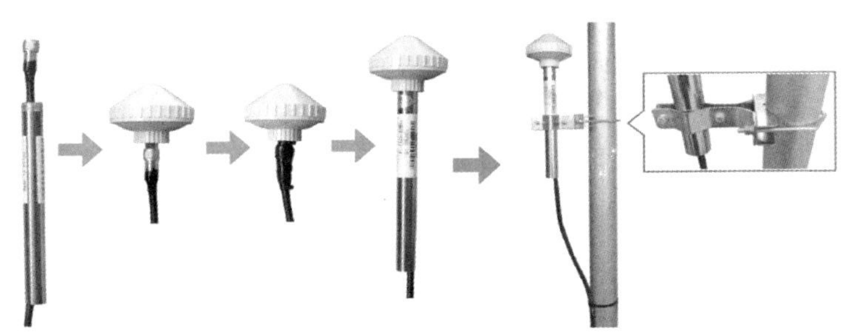

图 2-64　抱杆安装 GPS 天线

安装步骤如下。

（1）将安装好 N 型接头的 GPS 馈线穿过不锈钢抱杆。

（2）将 N 型接头拧紧到 GPS 天线上。

（3）使用“1 层绝缘胶带 +1 层防水胶带 +1 层防紫外线胶带”的方式，给 N 型接头做防水处理。

（4）将不锈钢抱杆与 GPS 天线拧紧。

（5）通过安装件将 GPS 天线进行抱杆安装，需注意的是，不锈钢抱杆的下管口与 GPS 馈线连接处严禁做防水处理；否则不利于湿气排出。

（6）GPS 馈线在进入室内机房馈线窗之前（进入机房前 1 m 处），使用接地卡一处接地。

注意：GPS 避雷器安装于 BBU 的走线架上时，通过走线架接地，不需要单独接地。如果安装在其他设备上，需要保证 GPS 避雷器接地。

2.4.6 安装宏站 AAU

1．安装流程

AAU 安装流程如图 2-65 所示。

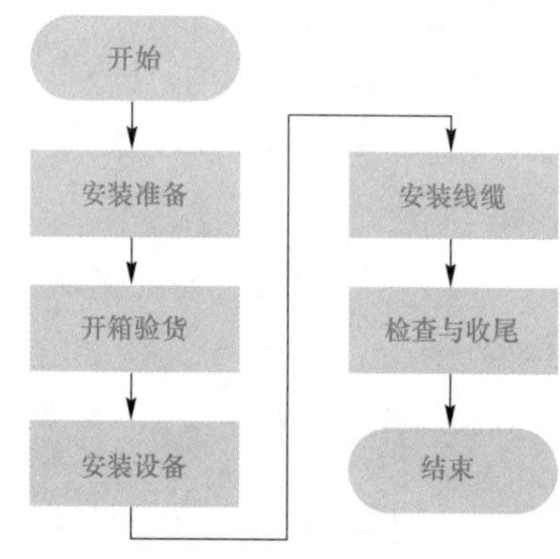

图 2-65　AAU 安装流程

2．安装空间要求

AAU 推荐安装空间要求如图 2-66 所示。

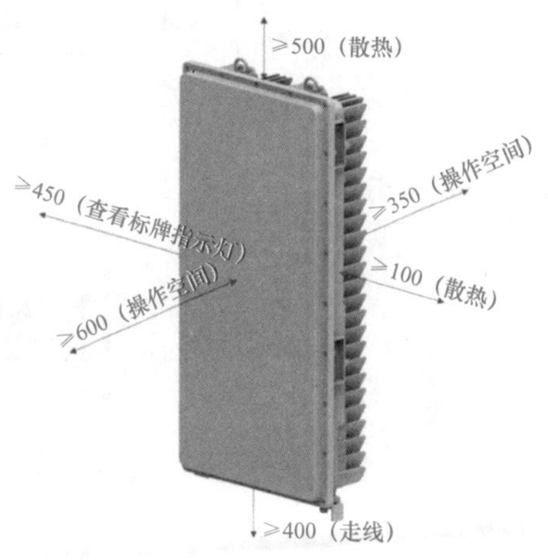

图 2-66　最小安装空间要求（单位：mm）

3. 抱杆下倾安装

抱杆的直径应为 60 ～ 120 mm，抱杆壁厚不小于 4 mm。抱杆下倾安装场景安装附件如表 2-14 所示。

表 2-14　抱杆下倾安装场景安装附件

附件名称	外观
安装支架（上）	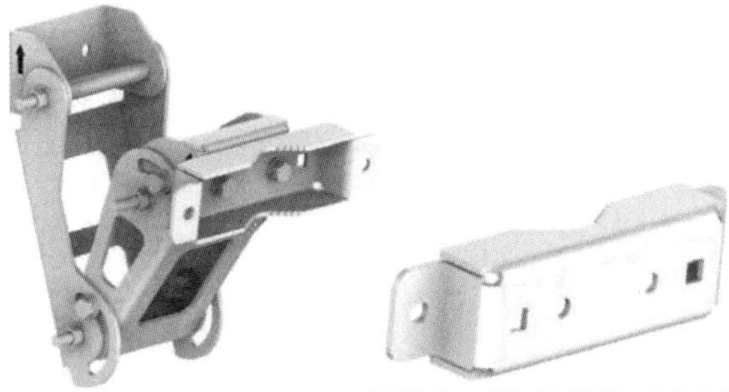
安装支架（下）	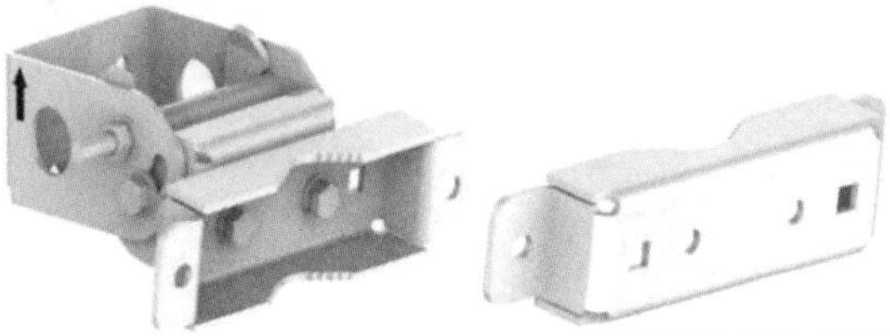
调节孔安装件	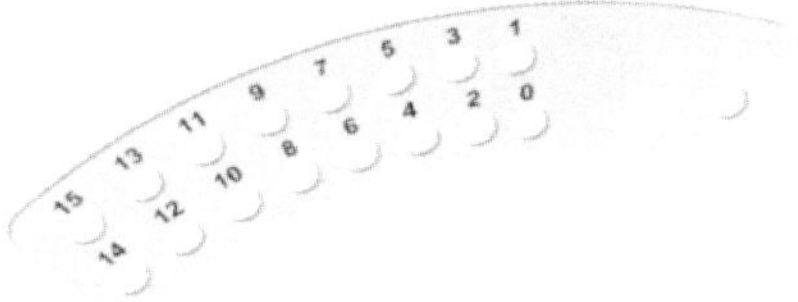
长螺栓	
M10×25 六角螺钉	
M6×16 螺栓组合件	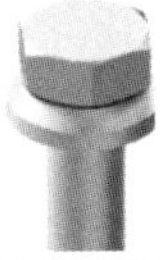

安装步骤如下。

（1）使用力矩扳手检查抱杆安装件和安装支架是否紧固到位，保证螺栓、弹簧垫圈、平垫圈无遗漏，紧固力矩为 40 N · m。抱杆安装件紧固和安装支架紧固如图 2-67 和图 2-68 所示。

（2）使用 M10×25 螺栓组合件将安装支架和抱杆安装件固定到整机上，力矩为 40 N · m。固定安装支架如图 2-69 所示。安装支架和抱杆安装件的丝印黑色箭头标识均为向上。

（3）根据规划的倾角度安装刻度盘并紧固，安装完成后使用坡度仪进行复测核验。AAU 刻度盘安装如图 2-70 所示。图 2-70 中，A 处刻度盘紧固使用 M6×16 螺栓组合件，紧固力矩为 4.8 N · m；同时，将 B 处 M10×25 螺栓紧固，紧固力矩为 40 N · m。

（4）吊装整机上抱杆，通过牵引绳牵引设备紧靠安装位置，挂装设备如图 2–71 所示。吊装时，抱杆件（2 个）、长螺栓（4 个）、螺母（8 个）、弹簧垫圈（4 个）、平垫圈（4 个）需要单独携带上抱杆，避免吊装过程中产生高空坠落。

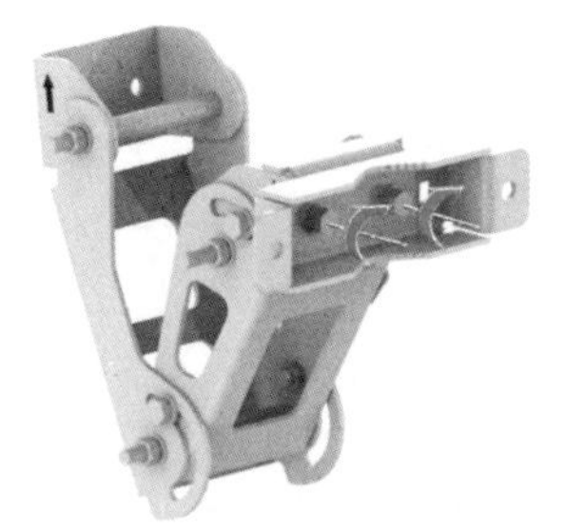

图 2–67　抱杆安装件紧固

图 2–68　安装支架紧固

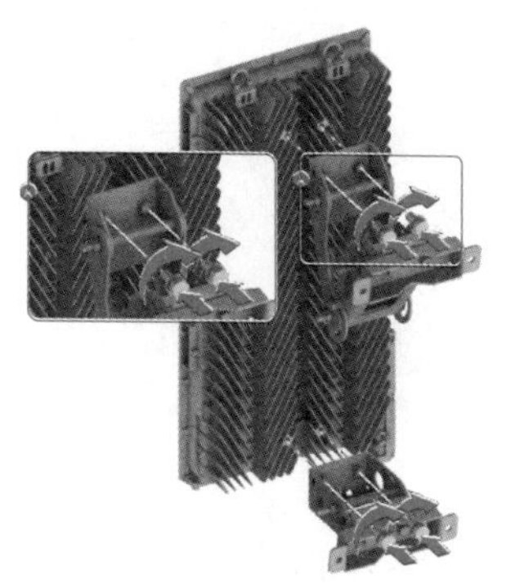

图 2–69　固定安装支架

图 2–70　刻度盘安装

图 2–71　挂装设备

（5）将长螺栓及平垫圈、弹簧垫圈穿过上、下安装支架，将整机固定在抱杆上。固定整机如图 2–72 所示。

① 紧固上抱杆，紧固力矩为 40 N · m。

② 调整下抱杆件，使两抱杆件距离为 485 mm。抱杆件间距示意图如图 2–73 所示。

③ 紧固下抱杆件，紧固力矩为 40 N · m。

④ 紧固设备和其余所有螺栓、螺母，M10 螺栓紧固力矩为 40 N · m，M6 螺栓紧固力矩为 4.8 N · m。

（6）设备安装完成，如图 2–74 所示。安装完成后，安装件上所有丝印黑色箭头标识均为向上。

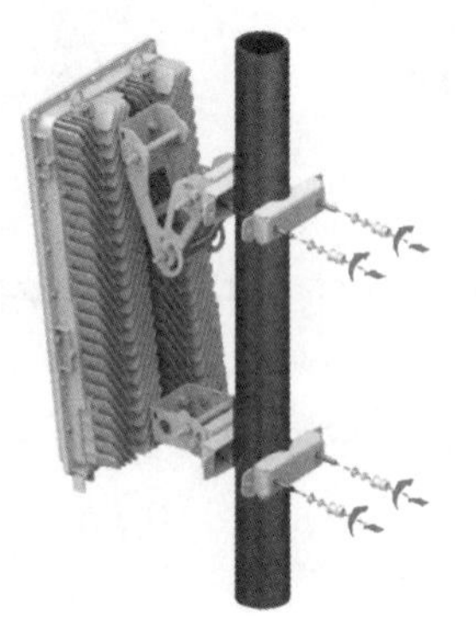

图 2–72　固定整机

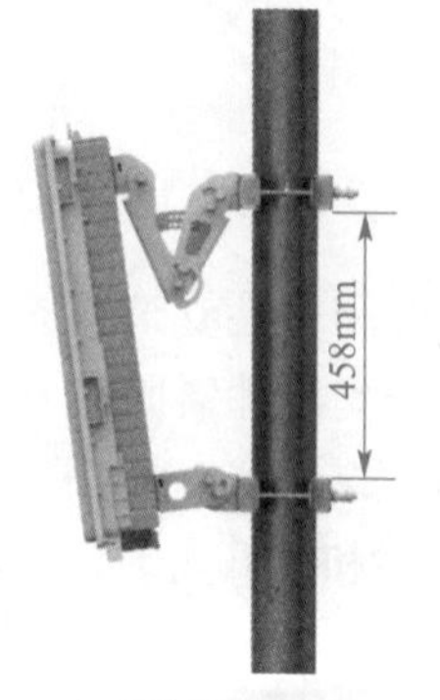

图 2–73　抱杆件间距示意图

图 2–74　安装完成

4．安装 AAU 线缆

（1）安装保护地线缆。

以双孔接地端子为例介绍保护地线缆的安装方法。安装单孔接地端子时，安装在靠底部的保护地螺钉处。保护地线缆选用规格为 32 mm^2 的黄绿色保护地线缆。

安装步骤如下。

① 保护底线在安装前，需制作保护地线缆两端 OT 端子。

② 图 2-75 所示为安装保护地线缆，将压接好的保护地线缆的 OT 端子一端套在 AAU 的保护地螺钉上，并拧紧保护地螺钉，紧固力矩为 4.8N · m。

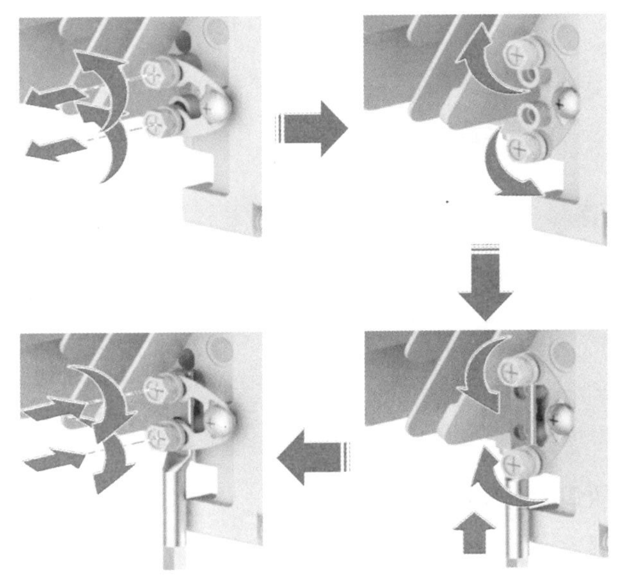

图 2-75　安装保护地线缆

③ 除去地排上的锈迹，将保护地线缆的另一端 OT 端子连接到地排上，用螺栓固定。

④　绑扎固定线缆，并正确粘贴标签。

（2）安装维护窗内线缆。

介绍维护窗内光纤和电源线缆的安装方法。

① 使用十字螺丝刀拧松维护窗螺钉，打开 AAU 侧面的维护窗，如图 2-76 所示。

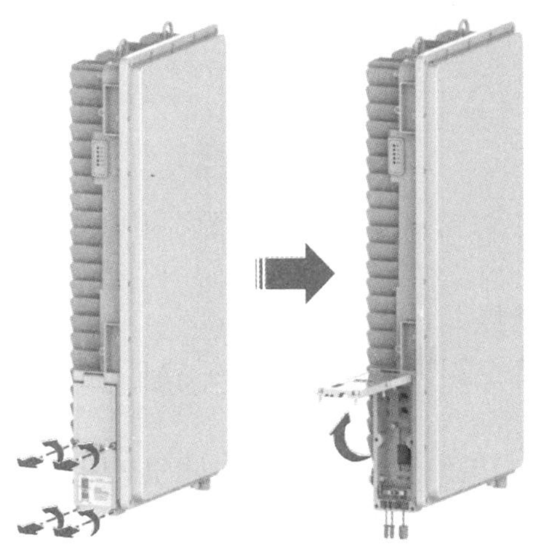

图 2-76　打开维护窗

② 打开维护窗后，使用十字螺丝刀拧松压线夹的螺钉，并松脱线缆防水堵头，打开固定线缆的压线夹（图 2–77），未使用的光纤堵头不要拆除。

③ 在光纤的波纹管上，将标签为 AAU 一端的扎带用斜口钳拆除。

④ 连接光纤，有以下几种情况。

a．摘掉光纤连接器的白色防尘帽，如图 2–78 所示。在安装前的存储及运输过程中禁止取下防尘帽。

b．将光模块对准规划的光接口插入，插入光模块如图 2–79 所示。

c．如图 2–80 所示，插入光纤，听到“啪”的声音，然后晃动光纤卡子，若未出现松动和脱落的情况，则说明光纤连接到位；反之，光纤连接未到位。

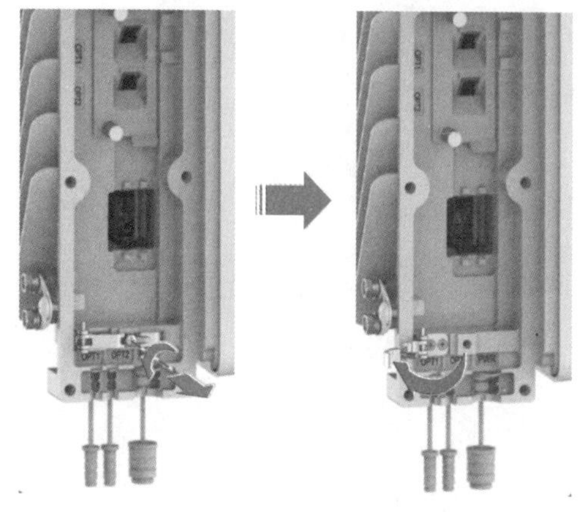

图 2–77　打开固定线缆的压线夹

图 2–78　摘掉光纤防尘帽

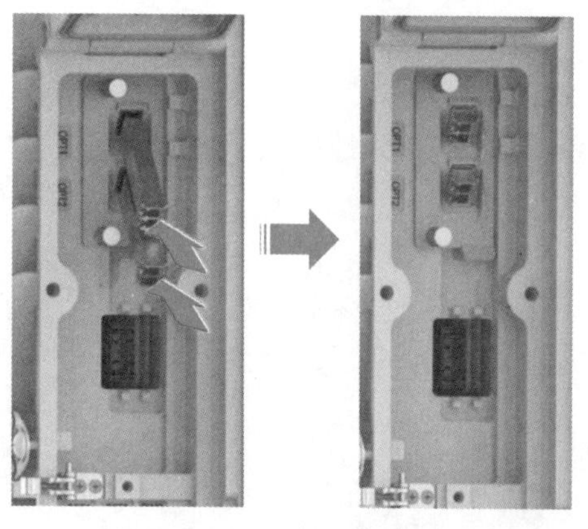

图 2–79　插入光模块

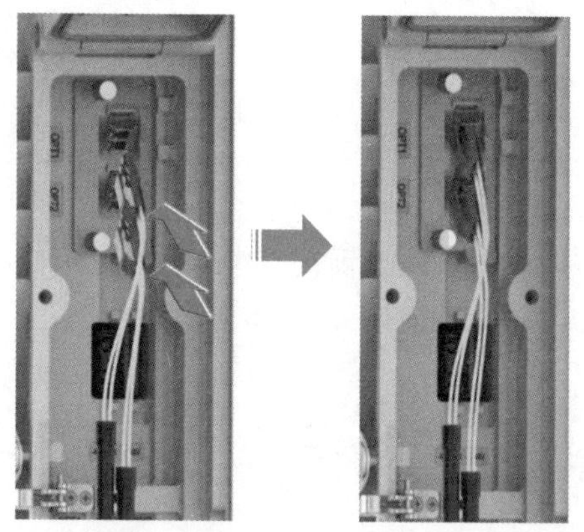

图 2–80　插入光纤

⑤ 如图 2–81 所示插入电源线，将制作好的电源线接头插入维护窗内的电源接口，推动电源线接头直到听到“咔哒”的声音。若晃动接头外壳体时不会松动和脱落，则说明接头插入到位，已被锁紧；反之，电源线接头未插入到位。

⑥ 维护窗线缆安装位置示意图如图 2–82 中的 AAU 维护窗内线缆所示，压线过程如图 2–83 中的压接线缆所示。

图 2–82 中 OPT1 接口光纤需压在光纤抗拉块较细的位置的下边缘，压线夹的下边缘与抗拉块的下边缘齐平；OPT2 接口光纤需压在光纤抗拉块较细的位置的上边缘，压线夹的上边缘与抗拉块较细位置的上边缘齐平。

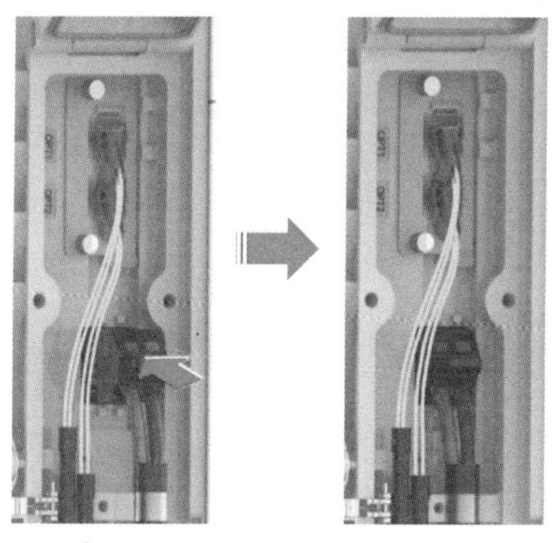

图 2-81　插入电源线

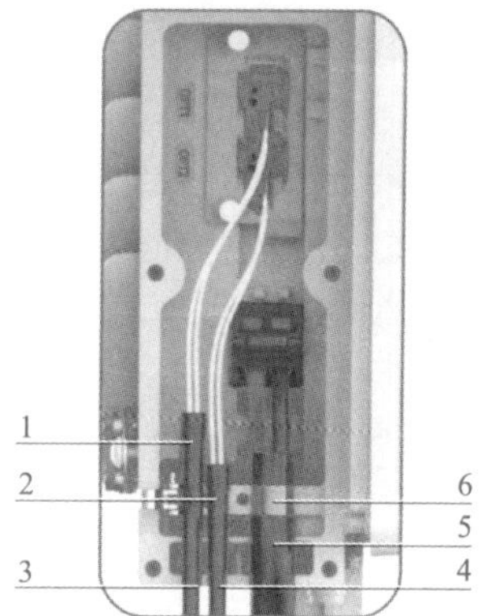

图 2-82　AAU 维护窗内线缆

1-OPT1 接口光纤抗拉块；2-OPT2 接口光纤抗拉块；3-OPT1 接口光纤；4-OPT2 接口光纤；5- 电源线缆；6- 电源线缆屏蔽层

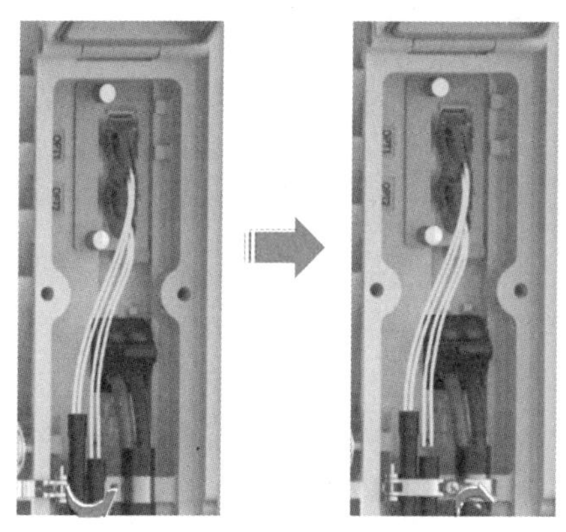

图 2-83　压接线缆

电源线缆压接要求确保屏蔽层裸露部分与压线夹完全接触，电源线黑色外护套上缘尽量与压线夹下缘齐平，且不得低于卡槽上缘。

若只安装一根光纤，则将光纤安装在 OPT1 的光纤出线槽中，OPT2 光纤出线槽使用防水胶塞堵塞。

① 布放线缆，并绑扎固定。

② 户外光纤从 AAU 机箱下方出来时，应保持与设备下缘 200 mm 长度的垂直走线，不能弯曲受力。之后，将光纤沿抱杆或走线架绑扎固定。多余的光纤应整齐盘成直径为 300 ～ 400 mm 的圆环，用黑色扎带绑扎固定在合适的位置，如 BBU 侧绕线盘上。

③ 依次在光纤和电源线缆上挂上标签，完成维护窗线缆的安装。

④ 将未使用的线缆卡槽用防水堵头填充，关闭维护窗并上紧维护窗的固定螺钉。

5．室外接头的防水处理

AAU 需要对接口和接口保护盖进行防水处理。防水处理需要缠绕“两层耐紫外线胶带”，保护地线缆接口无须进行防水处理。

安装步骤如下。

（1）清除线缆接头上的灰尘、油垢等杂物。

（2）缠绕两层耐紫外线胶带。

按照接头旋紧的方向依次缠绕两层耐紫外线胶带：第一层应自上而下缠绕；第二层自下而上缠绕。缠绕耐紫外线胶带（线缆接头防水）如图 2-84 所示。缠绕时注意以下几点。

① 采用自然的力度拉伸和缠绕耐紫外线胶带，无须大力拉伸。

② 上层胶带覆盖下层胶带的 1/2。

③ 耐紫外线胶带缠绕长度要超出防紫外线约 10 mm。

④ 缠绕完成后，应反复用双手握捏，保证胶带和线缆、线缆接头粘合牢固。

（1）扎紧扎带（线缆接头防水）如图 2-85 所示，使用黑色耐紫外线扣扎紧耐紫外线胶带。使用斜口钳剪去多余扎带时，应注意保留 3 mm，防止高温天气回扣。

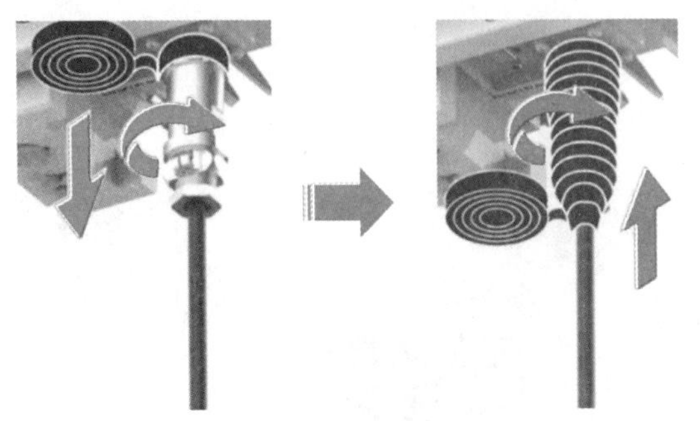

图 2-84　缠绕耐紫外线胶带（线缆接头防水）

图 2-85　扎紧扎带（线缆接头防水）

（2）拧紧室外接头保护盖。校准扣保护盖紧固力矩为 1.1 N · m。

（3）缠绕两层耐紫外线胶带。

按照保护盖拧紧的方向依次缠绕两层耐紫外线胶带：第一层应自上而下缠绕；第二层自下而上缠绕。缠绕耐紫外线胶带（保护盖防水）如图 2-86 所示。缠绕时注意以下几点。

① 采用自然的力度拉伸和缠绕耐紫外线胶带，无须大力拉伸。

② 上层胶带覆盖下层胶带的 1/2。

③ 缠绕完成后，应反复用双手握捏，保证胶带和保护盖粘合牢固。

（4）扎紧扎带（保护盖防水）如图 2-87 所示，使用黑色耐紫外线扣扎紧耐紫外线胶带。

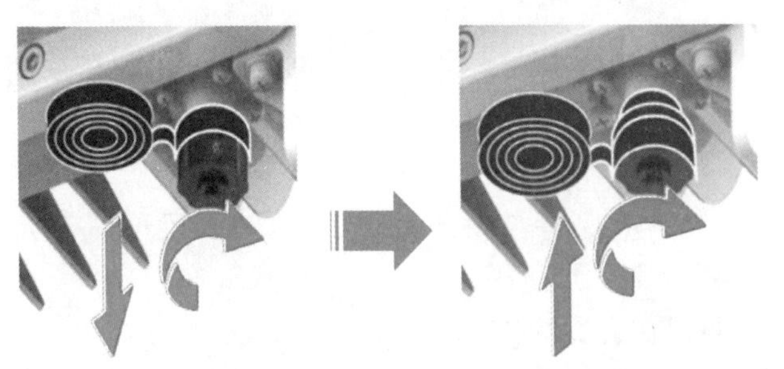

图 2-86　缠绕耐紫外线胶带（保护盖防水）

图 2-87　扎紧扎带（保护盖防水）

2.4.7 安装微站 AAU

1. 安装流程

AAU 安装流程如图 2-88 所示。

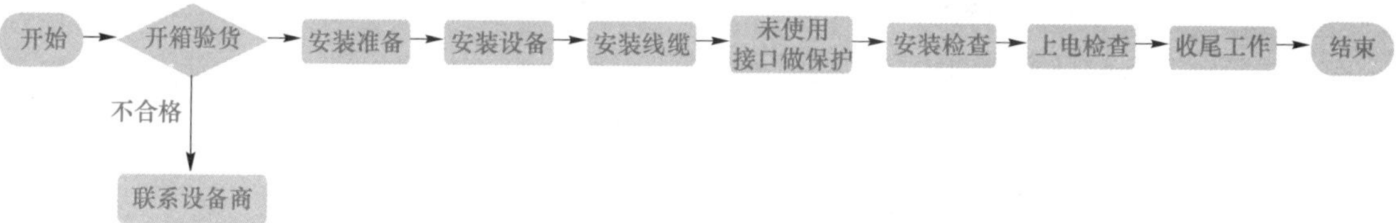

图 2-88　AAU 安装流

2. 安装空间要求

AAU 推荐安装空间的要求如图 2-89 所示。

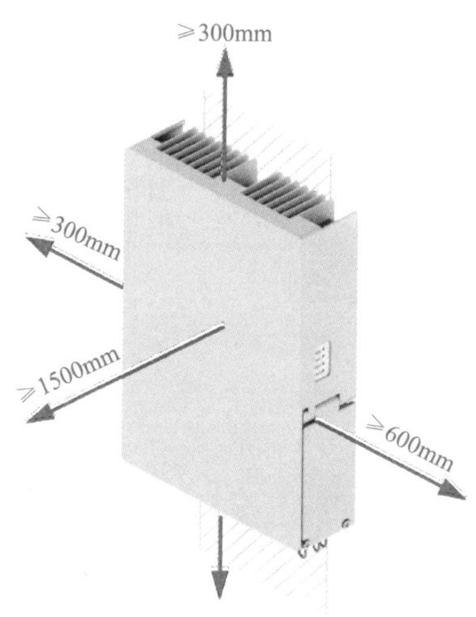

图 2-89　最小安装空间要求

3. 挂墙安装

（1）参照膨胀螺栓的安装步骤，安装 M10×100 膨胀螺栓。

（2）使用安装膨胀螺栓中卸下的螺母、弹簧垫圈和平垫圈，将固定架固定在墙壁上，力矩为 30 N · m。安装固定夹如图 2-90 所示。

（3）使用 4 颗 M6 螺钉把安装支座紧固到微站 AAU 上，力矩为 4.8 N · m，固定安装支座如图 2-91 所示。

图 2-90　安装固定夹　　　　图 2-91　固定安装支座

（4）将微站 AAU 通过安装支座挂装到固定夹上，挂装微站 AAU 如图 2-92 所示。

（5）调整微站 AAU 竖直角度，如图 2-93 所示。具体操作如下。

① 拧松竖直调节螺钉至微站 AAU 可竖直调节。

② 调整微站 AAU 竖直角度。

③ 拧紧竖直调节固定螺钉。

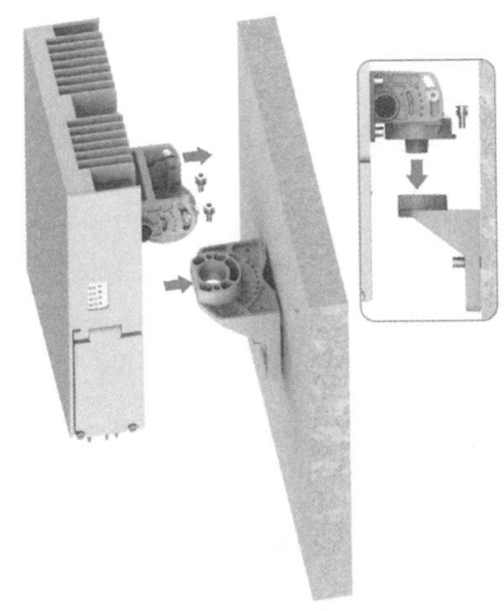

图 2-92　挂装微站 AAU

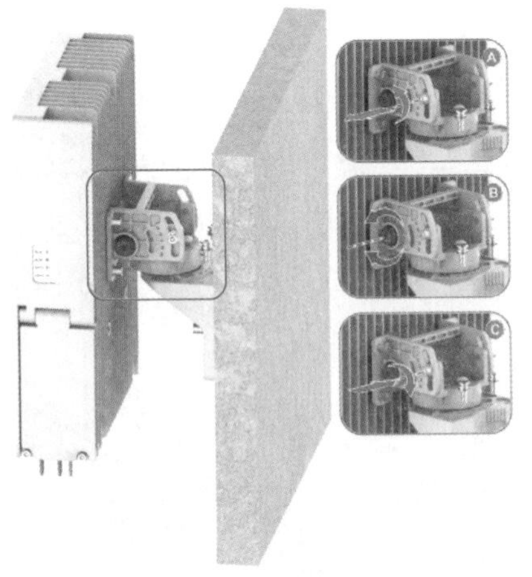

图 2-93　调整微站 AAU 竖直角度

（6）调整微站 AAU 水平角度。

① 调整微站 AAU 水平角度，如图 2-94 所示。

② 将安装支座的两颗螺钉拧紧到固定架上，力矩为 4.8 N · m，安装螺钉如图 2-95 所示。

（7）挂墙安装完成，如图 2-96 所示。

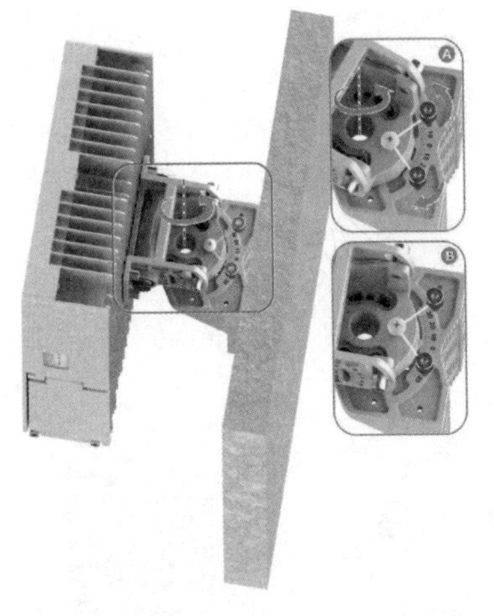

图 2-94　调整微站 AAU 水平角度

图 2-95　安装螺钉

图 2-96　安装完成

4．抱杆安装

（1）将卡箍组装到固定架上，如图 2-97 所示。

（2）将固定架安装到抱杆上，如图 2-98 所示。

（3）紧固卡箍螺钉，如图 2-99 所示。

（4）安装微站 AAU，参见挂墙的安装步骤。

（5）抱杆安装完成，如图 2-100 所示。

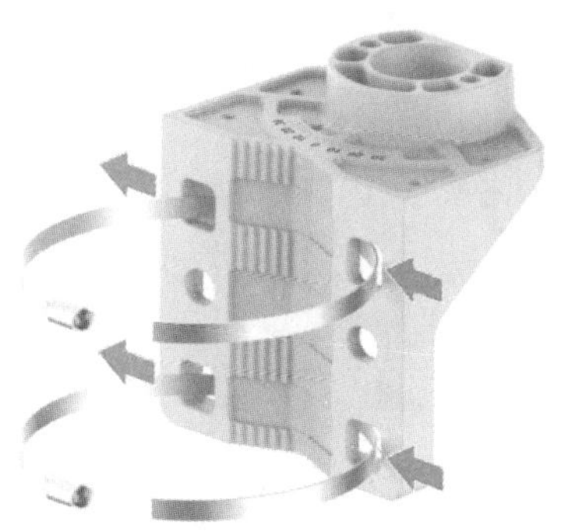

图 2-97　卡箍组装

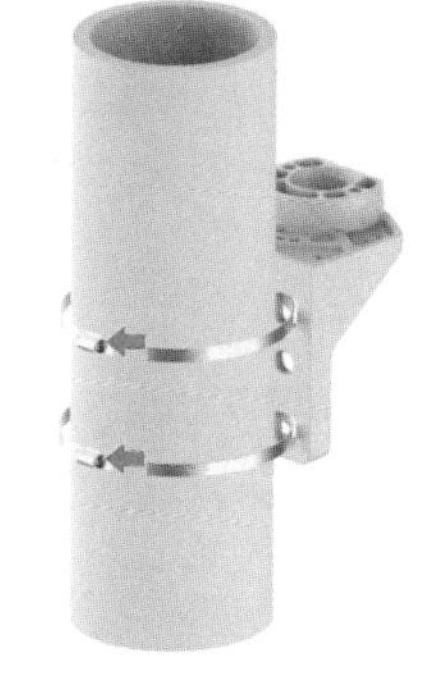

图 2-98　固定架安装到抱杆

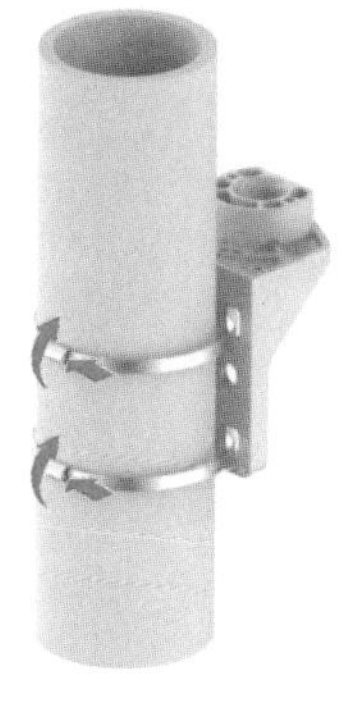

图 2-99　紧固卡箍螺钉

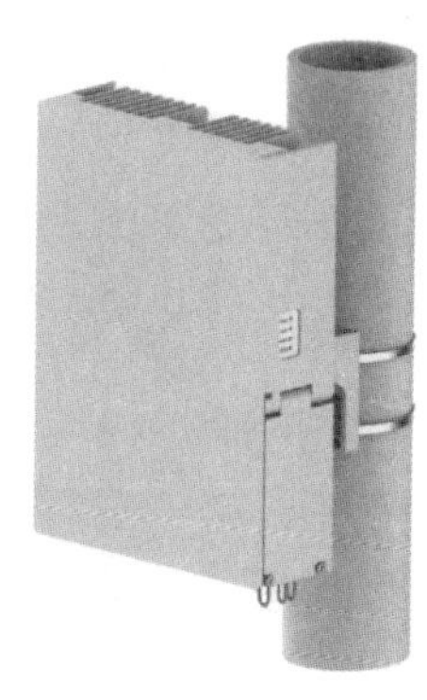

图 2-100　抱杆安装完成

5．安装 AAU 线缆

1）安装电源线缆

（1）根据需求 AAU 侧电源线缆接头如图 2-101 所示，电源线缆的线芯有红蓝和蓝黑两种，正确把线缆插入对应极性的压线孔。手拉导线，保证导线无脱落现象，表明导线安装牢固符合要求。

（2）在维护窗内，使用十字螺丝刀拧开压线夹，并打开电源线防水胶塞，如图 2-102 所示。

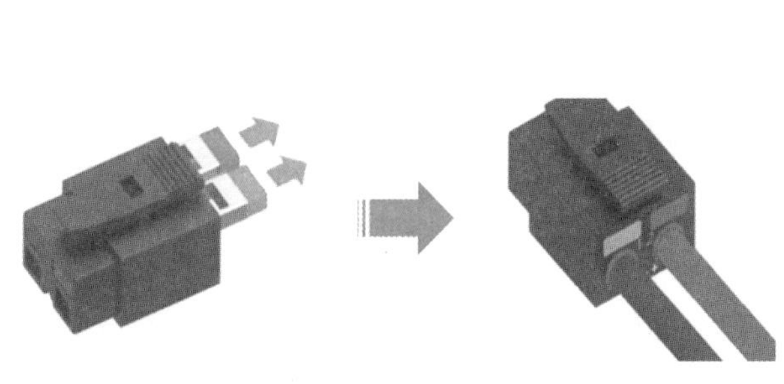

图 2-101　电源线缆接头

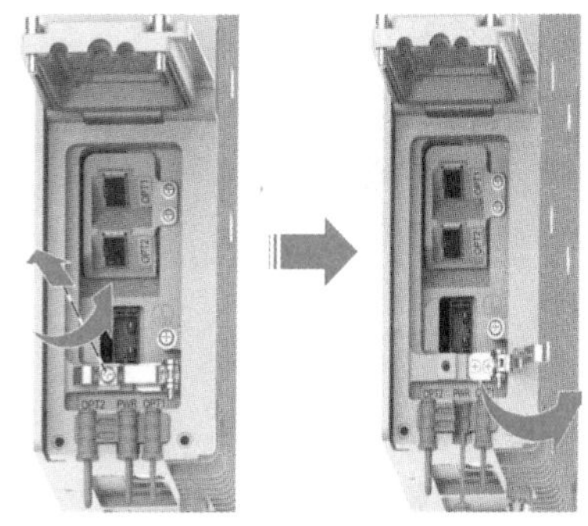

图 2-102　打开电源线防水胶塞

（3）将制作好的电源线接头插入维护窗内的电源接口，如图 2-103 所示，推动电源线接头直到听到“咔哒”的声音，晃动接头外壳体时不会松动和脱落（此时不能拉动接头上的拉环），表示接头插入到位，已被锁紧。

（4）将电源线缆固定在原防水胶塞处，并用压线夹压接屏蔽层裸露部分，确保屏蔽层裸露部分与压线夹完全接触，固定电源线如图 2-104 所示。

（5）将电源线缆沿抱杆或走线架布放至供电设备侧，并使用扎带绑扎固定。线缆绑扎和最小弯曲半径的要求参见线缆布放中的内容。

（6）电源线缆和光纤全部安装完成后，没有使用的防水胶塞需要固定回原位。关闭维护窗面板，并拧紧螺钉防水。

2）安装保护地线缆

以双孔接地端子为例介绍保护地线缆的安装方法。单孔接地端子安装时，安装在靠底部的保护地螺钉处。保护地线缆选用规格为 16 mm^2 的黄绿色保护地线缆。

（1）从室内 / 室外地排布放保护地接口线缆到 RRU 近端。

（2）在保护地接口线缆的微站 AAU 侧压接 M6 的 OT 端子。

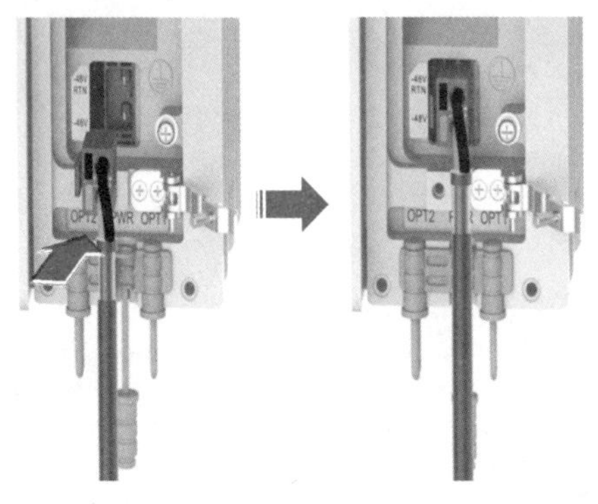

图 2-103　插入电源线接头

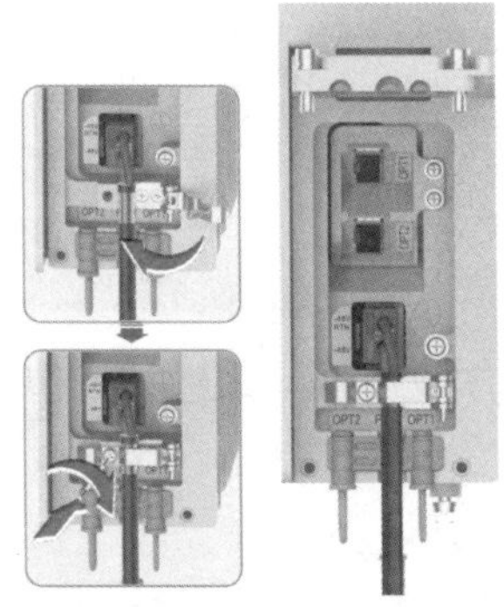

图 2-104　固定电源线

（3）将压接好的保护地接口线缆的一端固定在微站 AAU 的接地螺栓上，并拧紧接地螺栓。接地线安装如图 2-105 所示。

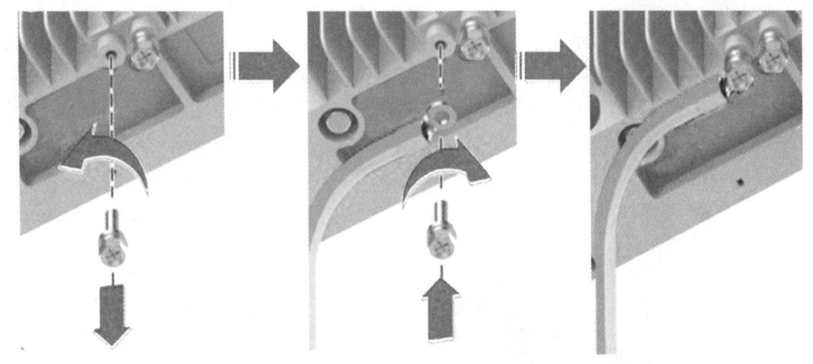

图 2-105　接地线安装

（4）除去地排上的镀漆层和锈迹，在保护地接口线缆的另一端压接 M8 的 OT 端子。

（5）根据现场情况连接保护地接口线缆的另一端。

（6）绑扎固定线缆，并粘贴标签。线缆绑扎和最小弯曲半径的要求参照本项目中的任务 5。

（7）在地排的接地螺栓四周喷涂防锈漆，进行防锈处理。

3）安装光纤

（1）打开微站 AAU 侧面的维护窗，如图 2-106 所示。

（2）打开维护窗左侧的压线夹，并松脱防水胶塞，如图 2-107 所示。

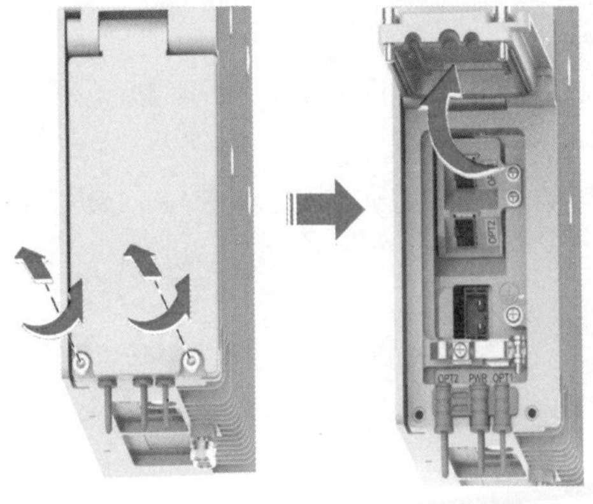

图 2-106　打开微站 AAU 侧面的维护窗

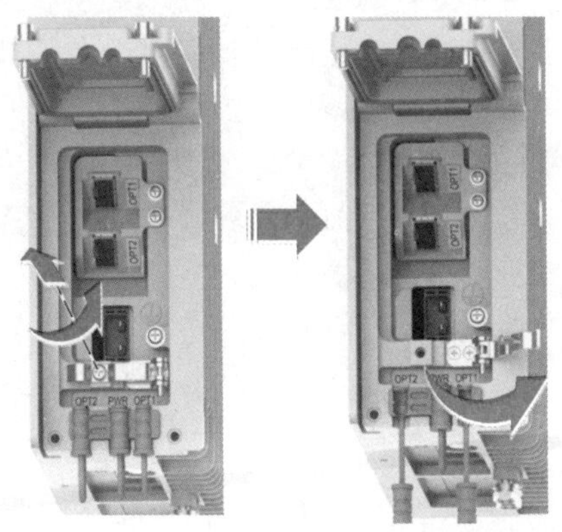

图 2-107　打开压线夹和松脱防水胶塞

（3）将波纹管上标签为“AAU”的一端的扎带用斜口钳拆除，拆除光纤上的波纹管和活动拉块，如图 2-108 所示。

（4）摘掉光纤连接器上的白色防尘帽，如图 2-109 所示。

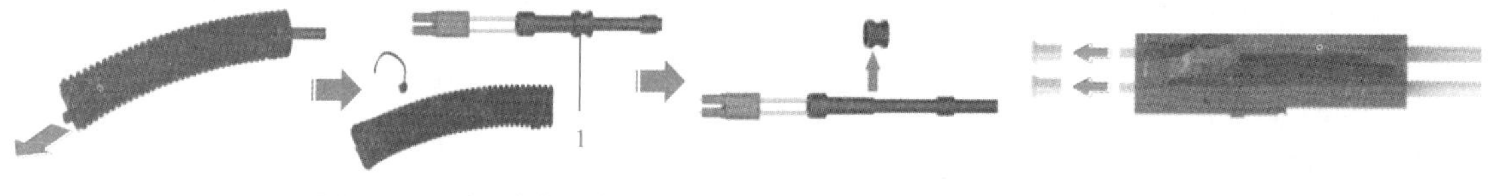

图 2-108　拆除波纹管　　　　图 2-109　摘掉白色防尘帽

（5）将光模块插入到维护窗中的 OPT1 端口和 OPT2 端口中。将光缆连接器对准光接口模块插入，听到“啪”的声音说明光缆连接到位，如图 2-110 所示。

（6）根据维护窗内丝印正确布放光纤，并用压线夹将光纤固定，如图 2-111 所示。

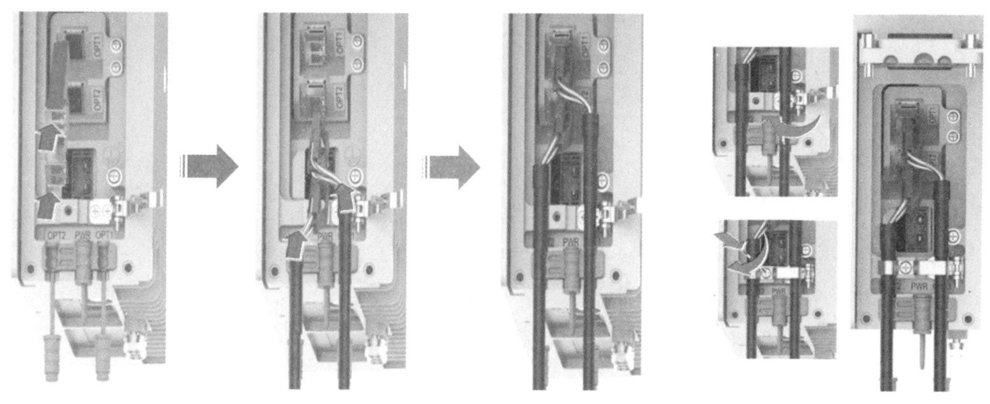

图 2-110　光纤连接　　　　图 2-111　固定光纤

（7）布放光纤，并绑扎固定。根据线缆绑扎和最小弯曲半径的要求、安装检查的线缆绑扎和固定要求，户外光纤从 AAU 机箱下方出来时，应保持与设备下缘 200 mm 长的垂直走线，不能弯曲受力，之后将光纤沿抱杆或走线架绑扎固定。

（8）将波纹管上标签为“BBU”的一端的扎带用斜口钳拆除，并拆除光纤上的波纹管和活动拉块，安装在光纤接线盒 /BBU 上。

（9）挂上光纤塑料标签，完成光纤的安装。

6．测量天线方位角

方位角可以理解为正北方向的平面顺时针旋转到和天线所在平面重合所经历的角度。

通常所使用的指北针由罗盘、照准与准星等组成，方位分划外圈为 360° 分划制，最小格值为 1°，测量精度为 ±5°。指北针图示如图 2-112 所示。

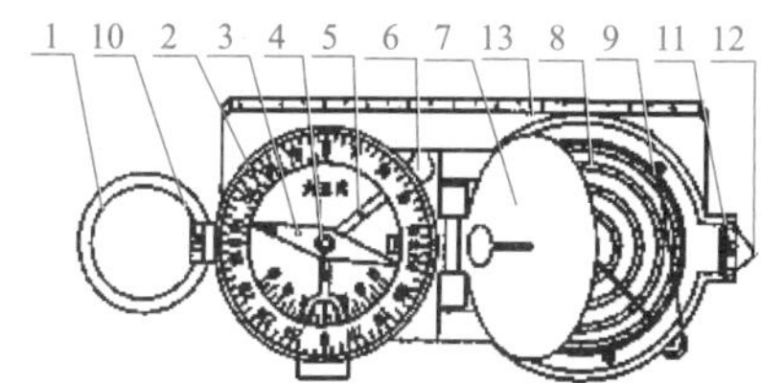

图 2-112　指北针结构

1- 提环；2- 度盘座；3- 磁针；4- 测角器；5- 磁针托板；6- 压板；7- 反光镜；8- 里程表；9- 测轮；10- 照准；11- 准星；12- 估定器；13- 测绘尺

1）测量原则

（1）指北针或地质罗盘仪必须每年进行一次检验和校准。

（2）指北针应尽量保持在同一水平面上。

（3）指北针必须与天线所指的正前方成一条直线。

（4）指北针应尽量远离铁器及电磁干扰源（如各种射频天线、中央空调室外主机、楼顶铁塔、建筑物的避雷带、金属广告牌及一些能产生电磁干扰的物体）。

（5）测量人员站定后，测量时，展开指北针，转动表盘方位框使方位玻璃上的正北刻度线与方向指标相对正，将反光镜斜放（45°），单眼通过准星瞄向目标天线，从反光镜反射可以看到磁针N极所对反字表牌上方位分划，然后用右手转动方位框使方位玻璃上的正北刻度线与磁针N极对准。此时，方向指标与方位玻璃刻度线所夹角即为目标方位角（按顺时针方向计算）。测量原则如图2-113所示。

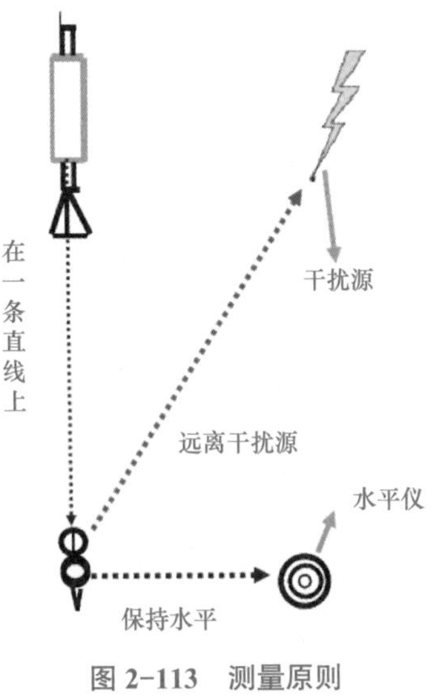

图2-113　测量原则

2）测量方法

基站方位角的测量方法有很多，需要根据不同的场景和现场人员情况来选择合适的方法进行测量。下面对几种常用的测量方法进行简要介绍。

（1）直角拐尺测量法。

适用场景与要求：本方法几乎适用于所有场景，但是要求由两个人进行测量，而且其中一人需持有登高证登到天线位置。测量时，可以根据现场情况在前方测量或侧方测量。前方测量：在方位角测量时，两人配合测量。其中一人站在天线的背面近天线位置，另外一人站在天线正前方较远的位置。靠近天线背面的工程师把直角拐尺一条边紧贴天线背面，另一条边所指的方向（天线的正前方）来判断前端测试者的站位，这样有利于判断测试者的站位。测试者应手持指北针或地质罗盘仪保持水平，指向天线方向，待指针稳定后读数，方位角 =（180°＋分划数值）MOD360。

侧面测量：当正前方无法站位时，可以考虑侧面测量。在方位角测量时，两人配合测量，其中一人站在天线的侧面近天线位置，另外一人站在天线另一侧较远的位置。靠近天线的工程师把直角拐尺一条边紧贴天线背面，拐尺所指的方向（天线的平行方向）来判断前端测试者的站位，这样有利于判断测试者的站位。测试者应手持指北针或地质罗盘仪保持水平，指向天线方向，待指针稳定后读数，方位角 =（180°＋分划数值 ±90°）MOD360，朝向天线信号发射方向，在左侧测量加90°，在右侧测量减90°。

（2）单人正面/背面测量法。

适用场景与要求：本方法适用于单人且无登高证的人员的测量，并且测量场景宜为塔高在20 m以下，且正面或背面有足够的空间方便测量人员站位测量。

测量时测量人员根据目测，站立在测量天线的正对面或正背面，与天线所指的正前方成一条直线。展开指北针，转动表盘方位框使方位玻璃上的正北刻度线与方向指标相对正，将反光镜斜放（45°），单眼通过准星瞄向目标天线。从反光镜反射可以看到，磁针N极所对反字表牌上方位分划，测试者应手持指北针或地质罗盘仪保持水平，指向天线方向，待指针稳定后读数，方位角 =（180°＋分划数值）MOD360。

（3）单人侧面测量法。

适用场景与要求：本方法适用于单人且无登高证的人员的测量，并且测量场景多为塔高在20 m以上，且侧面有足够的空间方便测量人员站位测量。由于塔高过高时目测天线正前方误差较大，因此通常采用侧面测量。

测量时测量人员站立在天线侧面，通过测距仪或望远镜观察天线，通过左右移动，直到刚好看不到天线背面部分时（或所看到的天线为最窄时），就认为所站位置为天线的正侧面，之后根据上面所述方法进行测量，然后加或减 90° 就是天线的方位角。

7．测量天线下倾角

下倾角是天线和竖直面的夹角。可使用仪器坡度测量仪测量下倾角，坡度仪如图 2-114 所示。

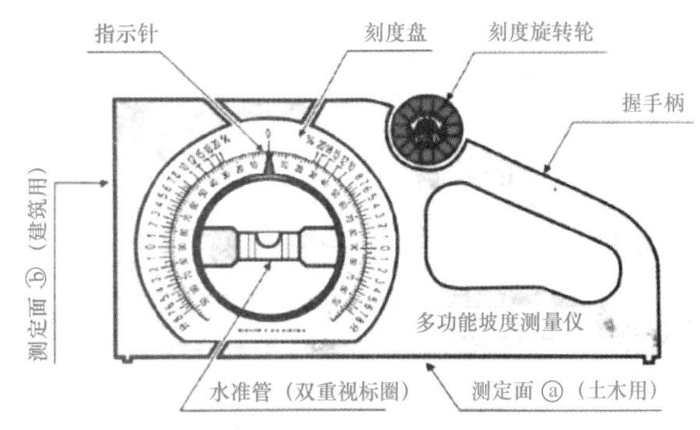

图 2-114　坡度仪

测试方法如下。

（1）将坡度仪最长的一边，图中测定面ⓐ平贴天线背面，测量天线下倾角如图 2-115 所示。

（2）转动水平盘，使水泡处于玻璃管的中间（水平），记录此时指针所指的刻度。

（3） 所得数值就是该天线的下倾角度。

注意：坡度仪按要求需每年送有资质的部门或检测网点检测。

图 2-115　测量天线下倾角

8．测量天线挂高

一般使用测距仪测量天线或 AAU 挂高。

激光测距仪是利用调制激光的某个参数实现对目标的距离测量的仪器，原始的距离测量都是用卷尺，但横跨高山、河流的距离用卷尺来测量就很不方便了，现在人们都选择了激光测距仪来测量长度，误差小，也很方便。

激光测距仪的使用步骤如下。

（1）先要给激光测距仪装上电池，对于那些可以直接充电的激光测距仪，在使用前要先把电充满。

（2）每个激光测距仪上都会有一个开关电源，轻按“发射”键，测距仪内部电源就可以打开，通过目镜可以看见测距仪处于待机状态。

（3）打开电源后，在测量前，还要选择好单位，长按“模式”键，就可以直接选择要使用的单位。

（4）一切准备工作都做好之后，可以通过测距仪目镜中的“内部液晶显示屏”瞄准被测物体。注意，手不要抖动，这样可以减小误差，测量结果会更准确。

（5）确定瞄准之后，轻按“发射”键，这时测量的距离就会显示在“内部液晶显示屏”上，记录下这个数值。如果担心测量不准确，那么可以多测几次。

（6）在瞄准被测物体时，如果感觉被测物体不是很清晰，那么可以通过“+/-2 屈光度调节器”来调节被测物体远近的清晰度，也可以通过顺转或逆转来调节远近，以达到最理想的清晰度。

（7）激光测距仪的使用方法，各种品牌、各种型号可能会有所差异，但基本使用方法都是大同小异。

2.4.8 安装检查

1. 机柜安装检查

表 2-15 所示为机柜安装检查表。

表 2-15　机柜安装检查表

检查条目	检查说明	是否符合
外观磕碰损伤检查	检查机柜外观是否完好，如重点检查机柜底部、上下叠柜缝隙、机柜与底座的缝隙等位置，有无磕碰、划伤、掉漆等现象。如果出现磕碰、划伤和掉漆等现象，应对机柜损伤部位进行补漆修复，防止腐蚀机柜	
机柜安装情况	检查机柜（基带柜、其他辅柜）固定螺栓是否坚固	
	检查机柜水平度、垂直度是否符合要求	
	机柜之间的间距、机柜的维护空间是否符合要求	
	检查机柜（基带柜、其他辅柜）是否有晃动情况	
	检查机柜顶罩是否紧固	
	叠柜安装时，是否使用胶粘剂将两个机柜中的缝隙及机柜固定螺丝中的缝隙全部填充	
	检查烟感器的红色外罩是否摘下	
	叠柜安装时，检查是否将保护地线从基带柜连接至射频柜，固定螺栓是否紧固	
	检查机柜内外表面是否洁净。机柜安装完毕后，应清洁机柜内外表面	
	检查机柜上下部出线口的推拉盖板是否到位。布放所有线缆后，出线口盖板应向前推到位，以防止动物钻入	
机柜与地面绝缘情况	使用万用表检查机柜（基带柜、其他辅柜）与地面之间是否绝缘（漏电流小于 3.5 mA）	

2. 模块安装检查

表 2-16 所示为模块安装检查表。

表 2-16　模块安装检查表

检查条目	检查说明	是否符合
检查电源插箱安装情况	检查电源插箱是否全部安装到位	
检查 BBU 安装情况	检查 BBU 是否安装在有通风口的 2U 空间的槽位上	
	检查 BBU 固定螺栓是否紧固	
	检查黄绿色地线是否与接地点紧固	
	检查 BBU 专用电源线与 BBU 连接是否坚固	
检查 LPU 安装情况	检查 LPU 固定螺栓是否紧固	
	检查黄绿色地线是否与接地点紧固	

3．线缆安装检查

表 2-17 所示为线缆安装检查表。

表 2-17　线缆安装检查表

检查条目	检查说明	是否符合
检查电源线与地线布放情况	检查线缆布放是否平滑，绑扎间距是否符合要求	
	交流供电方式下，检查户外交流线缆与基带柜的电源端子连接关系是否正确，螺钉是否紧固	
	检查电源线缆是否牢固地绑扎在机柜走线槽上	
	检查配电插箱的蓝色线缆与 -48V DC 端子连接是否牢固，红色线缆与配电插箱 GND 端子连接是否牢固	
	检查保护地线与接地排连接是否牢固可靠	
检查射频柜的电池安装与线缆布放	检查线缆布放是否符合要求	
	检查红色电源线与电池正极连接是否紧固，蓝色电源线与电池负极连接是否紧固	
	检查温度监测线缆是否粘贴在电池表面，另一端是否牢固地连接至电源模块的接口	
	如果有加热板，检查加热板安装是否正确，电源线连接是否正确	
检查 SA 线缆安装情况	检查 SA 线缆与 BBU 的 SA 接口连接是否牢固	
	检查 SA 线缆的接地线与 BBU 的接地端子连接是否紧固	
	检查 SA 线缆的另一端与 LPU 模块的 BBU 接口连接是否紧固	
检查天馈机顶跳线布放情况	检查天馈跳线与 ANT 口连接是否紧固	
检查光纤的布放情况	检查光纤布放是否符合要求	
检查监控线缆的布放情况	检查监控线缆与 LPU 模块接口连接是否紧固，另一端与 X22 接口连接是否紧固	
检查传输线缆的布放情况	如果采用 IP 传输，检查 FE 线缆与 LPU 的 ETH_0 端口连接是否牢固可靠，另外一根 FE 线缆的 RJ45 接头与 LPU 的 BBU_A0 端口连接是否牢固可靠，另一端的 RJ45 接头是否连接到交换板单板的 ETH_0 端口上，且连接是否可靠	
检查线路布放规范情况	检查机架内部线缆是否有悬空飞线	
	检查线缆布放路由、捆扎间距是否正确。扎线扣不应有拉尖重叠现象	
	检查线缆表面是否清洁，无施工记号，护套绝缘层是否破损	

4．其他检查

表 2-18 所示为其他检查表。

表 2-18　其他检查表

检查条目	检查说明	是否符合
检查防静电手环是否安装	检查防静电手环是否安装在机柜右侧孔位中	
检查标签粘贴情况	标签是否采用专用贴纸	
	标签粘贴朝向是否一致。为方便阅读，标签表示线缆去向的一面应朝上或朝向维护操作面	
	机架行、列的标签内容是否符合工程设计要求。整个机房中的设备应规划有序、一致、齐全，不得重复	
	电池柜、电源分配柜中的设备电源线断路器是否粘贴工整	
	电池柜、电源分配柜中的设备电源线断路器是否用规范标签标明连接去向	
	所有线缆（电源线、地线、传输线、跳线等）两端是否均已粘贴标签（机柜门、侧门板保护接地线无须标签），标签是否书写工整，粘贴位置是否一致。标签应紧贴端头粘贴，距离端头约 200 mm	
	模块上是否粘贴标签或涂写标识。如果模块上必须粘贴标签，那么应书写、粘贴工整	
检查现场环境	检查机柜内部是否有多余扎带头、线头及其他杂物；机柜前后门、侧门是否洁净。机柜安装完后，应清洁机柜内外表面	
	检查机房内多余不用的物品是否清理干净，需要放在机房内的物品是否摆放整齐，操作台及活动地板是否干净、整齐	
	检查是否已将走线槽、机柜底部及机柜周围的活动地板下方清理干净，没有留下扎带、线头、干燥剂等施工杂物；所有走线是否整齐	

5．AAU 安装检查

表 2-19 所示为 AUU 安装检查表。

表 2-19　AAU 安装检查表

检查条目	检查说明	是否符合
设备安装	设备安装件安装顺序正确、固定牢靠，无晃动现象	
	独立抱杆必须配有避雷针，确保设备处于 45° 保护范围内，并可靠接地	
线缆安装	电源线及地线鼻柄和裸线需用套管或绝缘胶布包裹，无铜线裸露，铜鼻子型号和线缆直径相符	
	电源极性连接正确，电源线、地线端子压接牢固。铜鼻子在各种接线柱上安装，必须用平垫片、弹簧垫片紧固，用弹簧垫片压平	
	地线、电源线的余长要剪除，不能盘绕。必须采用整段线料且绝缘层无破损现象，不得由两段以上电缆连接而成	
	电源线和信号线、尾纤分类绑扎，分开布放，间距大于 5 cm，无交叠	
	电缆的弯曲半径符合标准要求	
	各种线缆接头连接紧固，无松动现象	
	黑白扎带不可混用，室内采用白色扎带，扎带尾齐根剪断无尖口；室外采用黑色扎带，扎带尾需剪平并预留 2-3 扣（2 ～ 3 mm）余量（防高温天气退扣）	
	线缆标签齐全，格式正确，朝向一致，若用户有特殊要求，则按用户要求的格式操作（需提供用户要求相关文档证明）	
接地、防水	设备保护地线安装齐全，不得串接。保护地线接地接入铜排遵循就近原则	
	保护地线接地端子，连接前要进行除锈、除污处理，保证连接的可靠	

2.4.9 收尾工作

安装结束后，完成以下收尾工作。

（1）工具整理。将安装用到的工具收回到相应位置。

（2）余料回收。将工程余料回收，并移交给客户。

（3）清理杂物。将安装产生的垃圾清扫干净，保证环境整洁。

（4）完成安装报告。填写安装报告单，并转交给相关负责人。

如果站点处于正常工作状态，通知操作维护人员站点已经安装完成。

课后复习及难点介绍

5G 基站线缆布放

课后习题

1. 画出 AAU 安装流程图。
2. 简述天线下倾角的测量方法。

实训单元：5G 设备安装

实训目的

（1）掌握 5G 通信中无线侧设备的安装和线缆连接。

（2）具备网元功能、硬件配置、线缆选型的能力。

实训内容

（1）BBU、AAU 设备安装。

（2）网元间线缆连接。

实训准备

1）实训环境准备

（1）硬件：具备登录实训系统的终端。

（2）资料：《5G 基站建设与维护》教材、《实训系统指导手册》。

2）相关知识要点

（1）无线侧网元功能、设备硬件参数。

（2）无线侧网元间连接线缆参数。

实训步骤

1．5G 设备安装

（1）打开实训系统，单击菜单栏中“设备安装”按钮，选择铁塔图标进入设备安装界面，如图 2-116 所示。

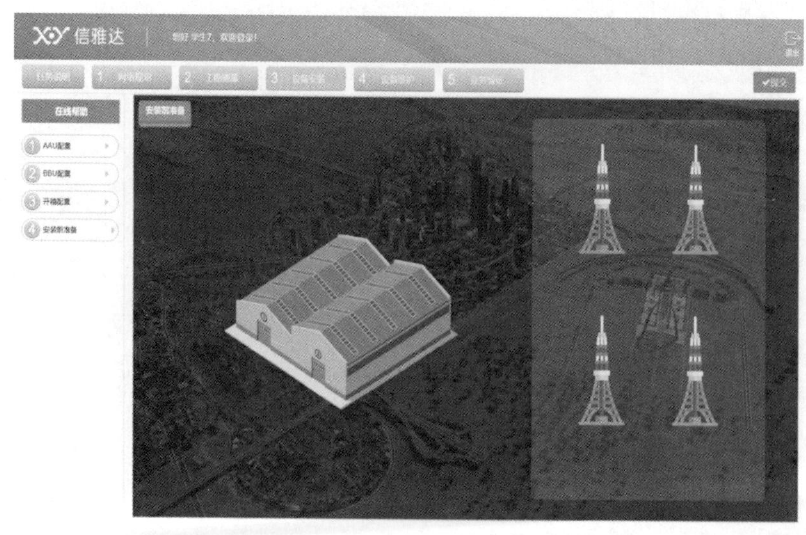

图 2-116　选择铁塔图标

（2）单击左侧铁塔图标进入 AAU 设备安装界面，如图 2–117 所示。

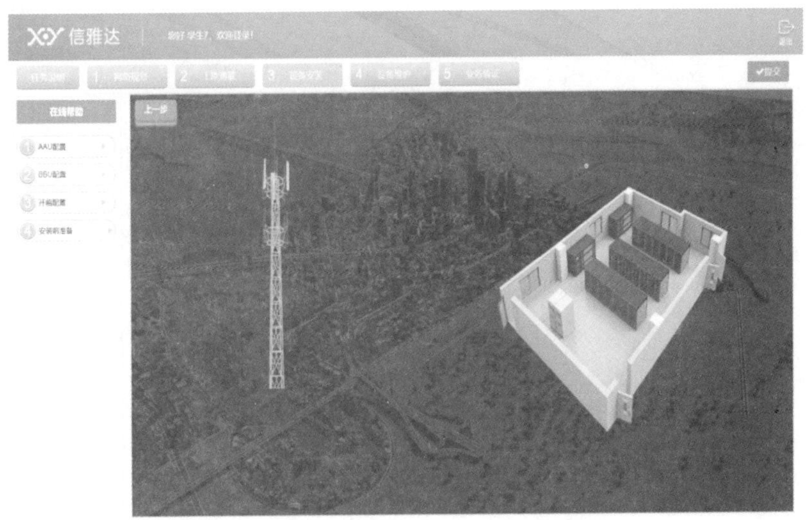

图 2–117　AAU 设备安装界面

（3）选择资源池中的 AAU 图标，此时铁塔抱杆显示绿色图标，将 AAU 拖至绿色图标中，完成 AAU 安装，如图 2–118 所示。

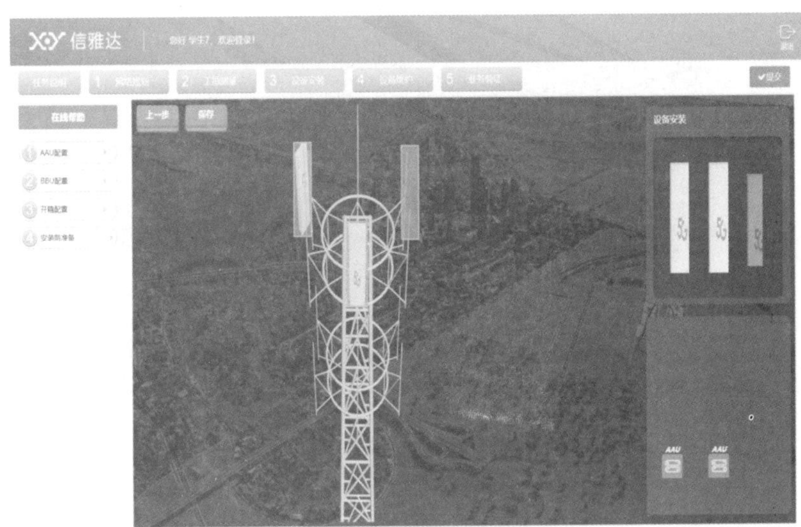

图 2–118　AAU 安装完成

（4）完成 AAU 安装后，单击左上角“保存”按钮，完成数据保存。

（5）数据提交保存后，单击“上一步”按钮返回设备安装界面，选择机房图标，进入 BBU 机房，如图 2–119 所示。

（6）在机房界面，选择机柜图标进入 BBU 设备安装界面，如图 2–120 所示。

（7）在右侧的设备资源池中选择机柜 PDU 单元，安装至机柜对应位置，选择 BBU 机框，安装至机柜对应位置，如图 2–121 所示。

（8）完成 BBU 机框安装后，双击安装好的机框，进入单板配置界面，如图 2–122 所示。

（9）从右侧的板卡资源池中选择所需的单板，安装至 BBU 机框中正确的槽位。

（10）单板安装完成后，BBU 安装结束。

图 2-119　进入 BBU 机房

图 2-120　BBU 设备安装界面

图 2-121　安装机柜

图 2-122　单板配置界面

2．5G 设备间线缆连接

（1）双击需要连接线缆的单板，选择线缆，出现接口图标后，拖至对应的端口，即可完成线缆的连接，如图 2-123 所示。

图 2-123　线缆连接

（2）完成本段连接后，返回 AAU 安装界面，双击 AAU 设备，选择线缆单击出现接口图标并拖曳至设备对应接口，完成线缆连接，如图 2-124 所示。

（3）完成线缆连接后，单击“保存”按钮完成数据保存。

图 2-124　完成线缆连接

评定标准

（1）根据任务描述选择正确的设备进行安装。

（2）设备单板配置槽位正确，且单板数量配置合理。

（3）线缆连接的端口及线缆的选择正确。

实训小结

实训中的问题：________________________________

____

____

问题分析：________________________________

____

____

问题解决方案：________________________________

____

____

结果验证：________________________________

____

____

实训拓展

请接收并完成实训系统中的设备安装任务。

思考与练习

（1）BBU机框的安装流程是什么？安装工艺要求有哪些？

（2）AAU电源线缆如何接地？

实训评价

组内互评：____

____

____

指导讲师评价及鉴定：______________________________

____

____

任务 5　线缆布放

课前引导

在图书馆进行查阅资料时，通常会使用图书馆内的书籍检索系统查找书籍所在的楼层、类型区域编号、书架编号、书籍编号，这样可以更快、更准确地查询到资料存放的位置。在 5G 基站设备安装过程中是否也需要对各设备进行编号呢？（可以从安装的角度、后期维护的角度进行思考）

任务描述

本任务介绍 5G 通信系统中常用的通信线缆分类及不同类别线缆的使用场景，如双绞线、大对数线、同轴电缆、光纤等；然后介绍线缆的布放规范和线缆绑扎要求；最后介绍 5G 基站建设及维护过程中标签的粘贴方法和规范。

通过本任务的学习，需掌握 5G 基站线缆布放遵循的原则和要求，具备将不同类型线缆从机柜穿线孔正确布放的技能，并掌握不同设备和线缆标签的粘贴方法。

任务目标

- 掌握线缆布放的方法。
- 掌握线缆布放的绑扎要求。
- 掌握线缆布放的工艺要求。
- 掌握标签规范。

知识准备

在网络传输时，首先遇到的就是通信线路和传输问题，网络通信分为有线通信和无线通信两种。有线通信是利用电缆或光缆来充当传输导体；无线通信是利用卫星、微波、红外线来传输。目前，在通信工程布线中使用的传输介质主要有双绞线、大对数线、同轴电缆和光缆等。

2.5.1 线缆分类

1. 双绞线

双绞线（Twisted Pair，TP）是一种综合布线工程中最常用的传输介质，是由两根具有绝缘保护层的铜导线组成的。把两根绝缘的铜导线按一定密度互相绞在一起，每一根导线在传输中辐射出来的电波会被另一根线上发出的电波抵消，有效降低信号干扰的程度。

双绞线是目前通信工程布线中最常用的一种传输线缆。与光缆相比，双绞线在传输距离和数据传输速率等方面均受到一定限制，但价格较为低廉、施工方便。双绞线有以下几种分类方式。

（1）按结构分，可分为非屏蔽双绞线（Unshilded Twisted Pair，UTP）和屏蔽双绞线（Shielded Twisted Pair，STP）。屏蔽双绞线根据屏蔽方式的不同，又分为 STP（Shielded Twicted-Pair）和 FTP（Foil Twisted-Pair）两类。STP 是指每条线都有各自屏蔽层的屏蔽双绞线；而 FTP 是指采用整体屏蔽的屏蔽双绞线。屏蔽双绞线电缆的外层由铝箔包裹，以减小辐射，但并不能完全消除辐射。屏蔽双绞线价格相对较高，安装时要比非屏蔽双绞线电缆困难。类似于同轴电缆，它必须配有支持屏蔽功能的特殊连接器和相应的安装技术。但它有较高的传输速率，即 100 m 内可达到 155Mbps。非屏蔽双绞线电缆是由多对双绞线和一个塑料外皮构成的。国际电气工业协会为双绞线电缆定义了 5 种不同的质量级别。

计算机网络中常使用的是 3 类和 5 类，以及超 5 类及目前的 6 类非屏蔽双绞线电缆。3 类双绞线适用于大部分计算机局域网络，而 5、6 类双绞线利用增加缠绕密度、高质量绝缘材料极大地改善了传输介质的性质。

（2）按电气性能分，可分为 1 类、2 类、3 类、4 类、5 类、超 5 类、6 类、超 6 类、7 类共 9 种双绞线类型。类型数字越大，版本越新，技术越先进，带宽也越宽，当然价格也越贵。这些不同类型的双绞线标注方法的规定：如果是标准类型则按“cat*x*”方式标注，如常用的 5 类线，那么在线的外包皮上标注为“cat5”，注意字母通常是小写，而不是大写。如果是改进版，就按“*x*e”进行标注，如超 5 类线就标注为“5e”，同样字母是小写，而不是大写。双绞线技术标准都是由美国通信工业协会（TIA）制定的，其标准是 EIA/TIA-568B，具体如下。

① 1 类（Category 1）线是 ANSI/EIA/TIA-568A 标准中最原始的非屏蔽双绞铜线电缆，但它开发之初的目的不是用于计算机网络数据通信的，而是用于电话语音通信的。

② 2 类（Category 2）线是 ANSI/EIA/TIA-568A 和 ISO 2 类 /A 级标准中第一个可用于计算机网络数据传输的非屏蔽双绞线电缆，传输频率为 1MHz，传输速率达 4Mbps，主要用于旧的令牌网。

③ 3 类（Category 3）线是 ANSI/EIA/TIA-568A 和 ISO 3 类 /B 级标准中专用于 10BASE-T 以太网络的非屏蔽双绞线电缆，传输频率为 16MHz，传输速率可达 10Mbps。

④ 4 类（Category 4）线是 ANSI/EIA/TIA-568A 和 ISO 4 类 /C 级标准中用于令牌环网络的非屏蔽双绞线电缆，传输频率为 20MHz，传输速率达 16Mbps。主要用于基于令牌的局域网和 10BASE-T/100BASE-T。

⑤ 5 类（Category 5）线是 ANSI/EIA/TIA-568A 和 ISO 5 类 /D 级标准中用于运行 CDDI（CDDI 是基于双绞铜线的 FDDI 网络）和快速以太网的非屏蔽双绞线电缆，传输频率为 100MHz，传输速率达 100Mbps。

⑥ 超 5 类（Category Excess 5）线是 ANSI/EIA/TIA-568B.1 和 ISO 5 类 /D 级标准中用于运行快速以太网的非屏蔽双绞线电缆，传输频率为 100MHz，传输速率可达到 100Mbps。其样品及结构如图 2-125 所示。与 5 类线缆相比，超 5 类在近端串扰、串扰总和、衰减和信噪比 4 个主要指标上都有较大的改进。

⑦ 6 类（Category 6）线是 ANSI/EIA/TIA-568B.2 和 ISO 6 类 /E 级标准中规定的一种非屏蔽双绞线电缆，它主要应用于百兆位快速以太网和千兆位以太网中。其样品如图 2-126 所示。因为它的传输频率可达 200 ～ 250MHz，是超 5 类线带宽的 2 倍，最大速率可达到 1000Mbps，满足千兆位以太网的需求。

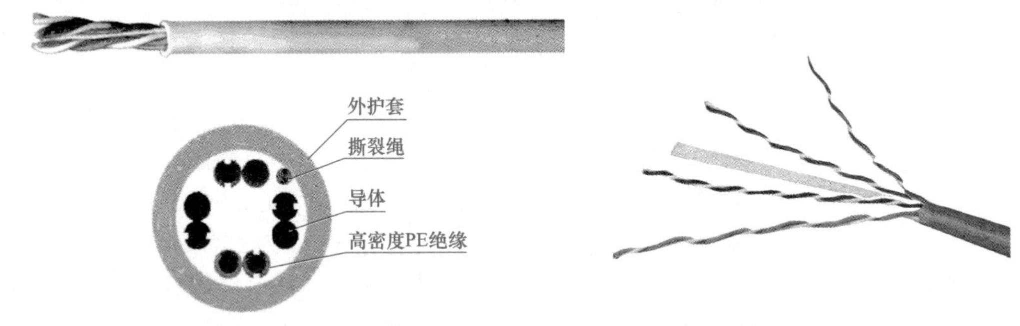

图 2-125　超 5 类线产品结构　　　图 2-126　6 类线样品

⑧ 超 6 类（Category Excess 6）线是 6 类线的改进版，同样是 ANSI/EIA/TIA-568B.2 和 ISO 6 类 /E 级标准中规定的一种非屏蔽双绞线电缆，主要应用于千兆网络中。在传输频率方面与 6 类线一样，也为 200 ～ 250MHz，最大传输速率也可达到 1000Mbps，只是在串扰、衰减和信噪比等方面有较大改善。

⑨ 7 类（Category 7）线是 ISO 7 类 /F 级标准中最新的一种双绞线，主要为了适应万兆位以太网技术的应用和发展。但它不再是一种非屏蔽双绞线了，而是一种屏蔽双绞线。所以，它的传输频率至少可达 500MHz，也是 6 类线和超 6 类线的 2 倍以上，传输速率可达 10Gbps。

2．大对数电缆

大对数电缆（Multipairs Cable）即多对数的意思，是指很多一对一对的电缆组成一小捆，再由很多小捆组成一大捆（更大对数的电缆则再由一大捆一大捆的电缆组成一根更大的电缆）。

大对数电缆综合了电话线缆和双绞线的特点，从传输介质分，有 3 类、5 类的 UTP（非屏蔽）、FTP（屏蔽）等；从应用场所分，有室内、室外两种，常用的有 25 对、50 对、100 对，可用于传输语音和数据。由于带宽较低和线对干扰大，一般不用作数据主干。大对数电缆样品及其结构如图 2-127 所示。

25 对大对数电缆的线序如表 2-20 所示。

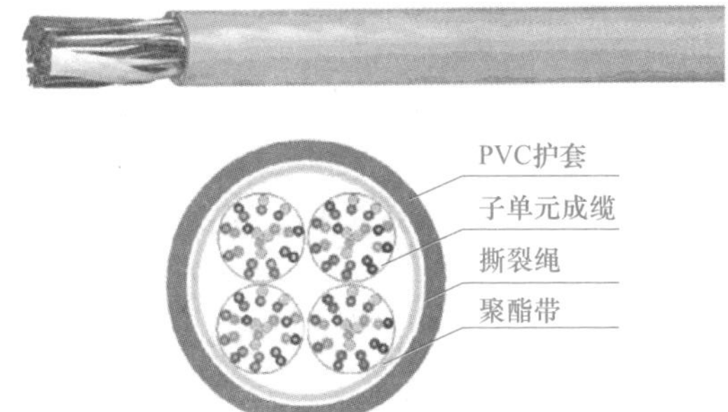

图 2-127 大对数电缆样品及其结构

表 2-20 25 大对数电缆的线序

线对编号	1	2	3	4	5	6	7	8	9	10	11	12	13
a 线 b 线	白 蓝	白 桔	白 绿	白 棕	白 灰	红 蓝	红 橘	红 绿	红 棕	红 灰	黑 蓝	黑 桔	黑 绿
线对编号	14	15	16	17	18	19	20	21	22	23	24	25	
a 线 b 线	黑 棕	黑 灰	黄 蓝	黄 橘	黄 绿	黄 棕	黄 灰	紫 蓝	紫 桔	紫 绿	紫 棕	紫 灰	

注：其规律为白、红、黑、黄、紫与蓝、橙、绿、棕、灰相互交叉组合。

3. 同轴电缆

同轴电缆有两个同心导体，而导体和屏蔽层又共用同一轴心的电缆。同轴电缆可用于模拟信号和数字信号的传输。

同轴电缆可分为两种基本类型，即基带同轴电缆和宽带同轴电缆。基带同轴电缆的屏蔽层通常是用铜做成的网状结构，其特征阻抗为 50Ω，通常用于传输数字信号。宽带同轴电缆的屏蔽层通常是用铝冲压而成的，其特征阻抗为 75Ω，通常用于传输模拟信号。

图 2-128 同轴电缆样品

基带电缆又分为细同轴电缆和粗同轴电缆。基带电缆仅用于数字传输，数据速率可达 10Mbps。同轴电缆样品如图 2-128 所示。

4. 光纤与光缆

光纤是光导纤维的简称，是一种利用光在玻璃或塑料制成的纤维中的全反射原理而达成的光传导工具。由于光纤通信具有频率带宽大、不受外界电磁干扰、衰减较小、传输距离远等优点，因此目前网络布线工程中垂直干线、建筑群干线的数据通信一般都使用光纤布线。近年来随着技术的发展，光纤到户、光纤到桌面逐渐成为现实。光纤在结构上由两个基本部分组成：由透明的光学材料制成的芯和包层、涂敷层。按光在光纤中传输模式的不同，光纤可分为单模光纤和多模光纤。单模光纤和多模光纤的原理如图 2-129 所示。

光导纤维电缆由一捆纤维组成，简称光缆。一根光缆由一根至多根光纤组成，外面再加上保护层，其结构如图 2-130 所示。常用的光缆有 4 芯、6 芯、12 芯等多种规格，且分为室内光缆和室外光缆两种。

（a）单模光纤　（b）多模光纤

图 2-129　单模光纤和多模光纤的原理

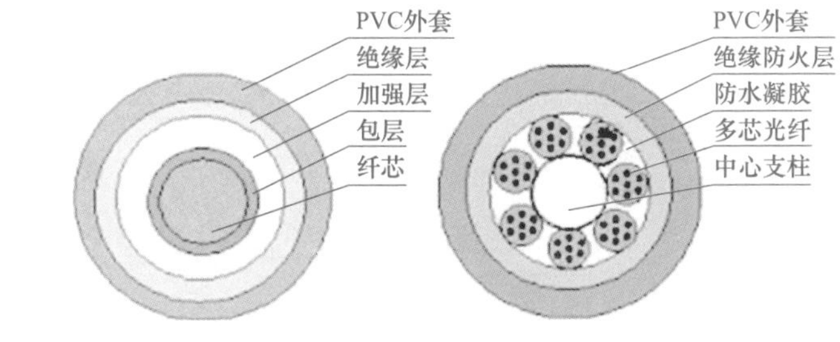

（a）单光芯光缆结构　（b）多光芯光缆结构

图 2-130　光纤截面结构示意图

5. 连接器件

双绞线连接器件主要有配线架、信息插座和跳接线。

1）RJ 连接头

（1）在网络布线中用到的 RJ 连接头（俗称水晶头）有两种：一种是 RJ45；另一种是 RJ11。

（2）RJ45 水晶头是使用国际性的接插件标准定义的 8 个位置（8 针）的模块化插孔或插头。

（3）RJ11 水晶头是一种非标信的接插件，一般使用 4 针的版本，用于语音链路的连接。

（4）RJ45 水晶头一般有 5 类、超 5 类、6 类和 7 类之分，每种水晶头都有非屏蔽和屏蔽两种型号。在网络布线中常用的水晶头如图 2-131 所示。

① RJ45 超 5 类非屏蔽。

② RJ45 6 类非屏蔽。

③ RJ45 6 类屏蔽。

④ RJ11 非屏蔽。

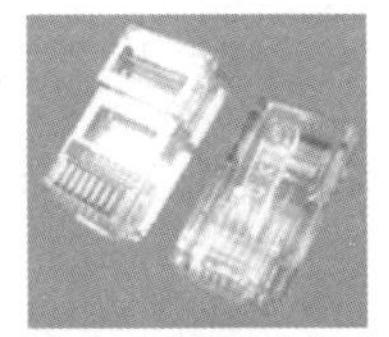

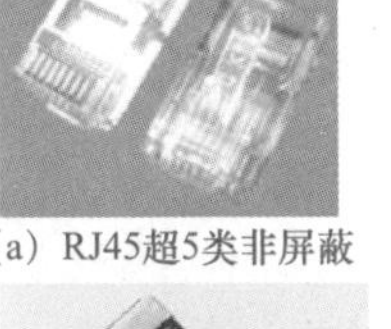

（a）RJ45超5类非屏蔽　（b）RJ45 6类非屏蔽

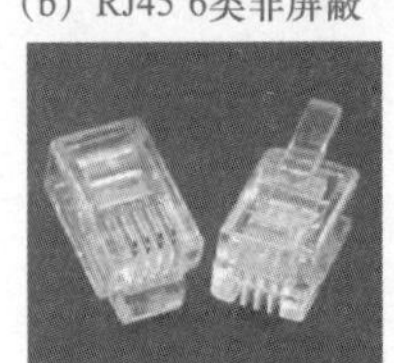

（c）RJ45 6类屏蔽　（d）RJ11非屏蔽

图 2-131　常用的水晶头

2）信息模块

信息模块用于端接水平电缆和插接 RJ 连接头。根据应用的不同，信息模块一般分为 2 对（4 芯）的 RJ11 语音模块和 4 对（8 芯）的 RJ45 数据模块。信息模块和 RJ45 连接头一样，也分为 5 类、超 5 类、6 类等规格，并有屏蔽和非屏蔽之分。因此，在工程实际中选取信息模块时，要选取和 RJ45 连接头相同的规格。常见的信息模块如图 2-132 所示。

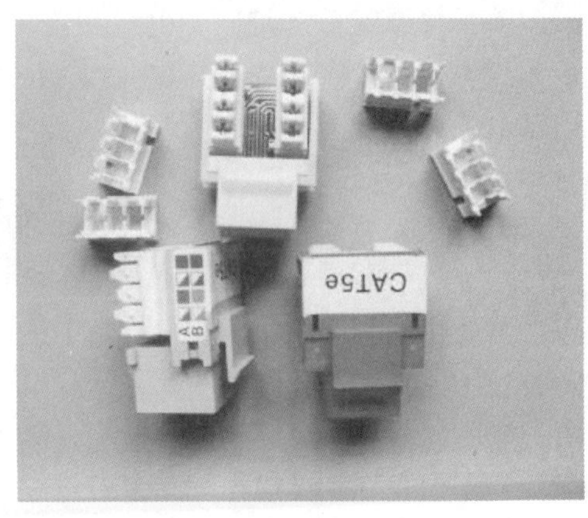

图 2-132　常见的信息模块

3）面板与底盒

信息模块通过底盒和面板安装在墙面上或地面上。常用面板分为单口面板和双口面板，面板外形尺寸一般有国标 86 型和 120 型。在物联网工程布线中，还用一种 118 型面板。

底盒是与面板相配套的连接件，一般分为明装底盒和暗装底盒。具体如下。

① 86 型面板。

② 120 型面板。

③ 86 型地插。

④ 86 型明装底盒。

⑤ 86 型暗装底盒。

目前，工程中常用的面板和底盒如图 2-133 所示。

(a) 86型面板

(b) 120型面板

(c) 86型地插

(d) 86型明装底盒

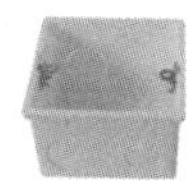

(e) 86型暗装底盒

图 2-133　工程中常用的面板和底盒

4）配线架

配线架是电缆进行端接和连接的装置。根据数据通信和语音通信的区别，配线架一般分为数据配线架和语音配线架。

双绞线配线架的作用是在管理子系统中将双绞线进行交叉连接，用于主配线间和各分配线间。110 语音配线架主要用于配线间和设备间的语音线缆的端接、安装和管理。图 2-134 所示为常见的配线架。

5）光纤连接器件

一条完整的光纤链路，除了光纤，还需要各种不同的连接器件，主要有光纤配线架、光纤配线盒、光纤连接器、光纤适配器（耦合器）、光纤跳线、光纤模块和光纤面板等，常见的光纤连接器件如图 2-135 所示。

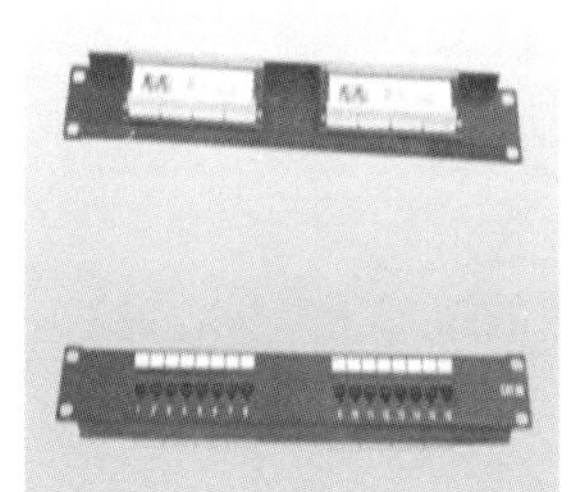

图 2-134　常见的配线架

光纤配线架

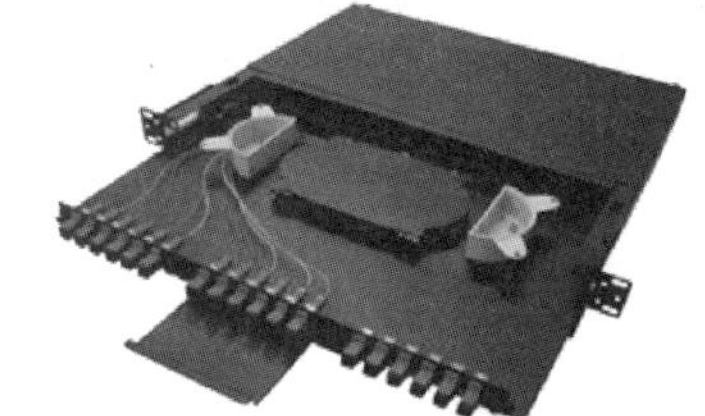

光纤配线盒

FC/PC

SC/PC

ST/PC

FC/APC

SC/APC

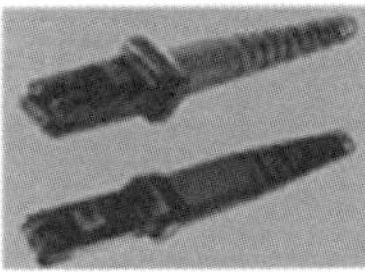

MTRJ

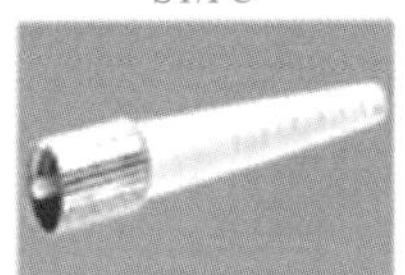

D4

LC/PC

图 2-135　常见的光纤连接器件

FDDI

MU

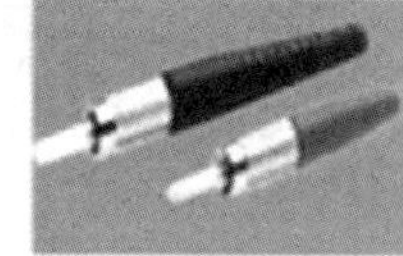
DIN4

MPO

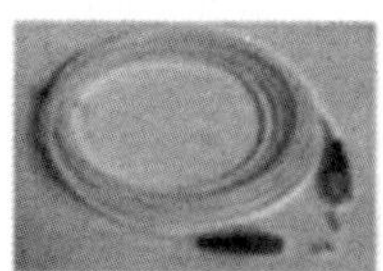
MTRJ跳线

SMA

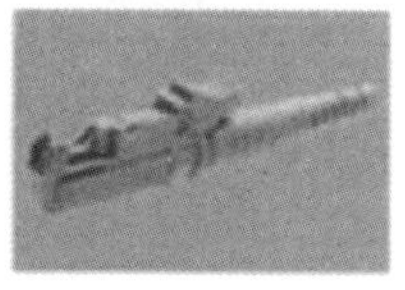
E2000

E2000跳线

图 2-135　常见的光纤连接器件（续）

任务实施

2.5.2 机柜线缆布放的方法

1. 叠柜外部线缆

叠柜时，基带机柜外部线缆沿射频柜走线槽，通过基带柜两侧防水模块进入机柜。机柜外部线缆走线示意图如图 2-136 所示。

2. 基带 + 电池叠柜的柜间线缆

叠柜的柜间线缆是基带机柜和电池机柜之间连接的线缆。柜间线缆包括电池柜接地线缆、电池柜直流输入线缆、SFP 线缆。

柜间线缆通过基带机柜和电池机柜中间的穿线孔连接到对应的接口上。图 2-137 所示为基带 + 电池叠柜的柜间线缆走线示意图。

3. 基带 + 基带叠柜的柜间线缆

叠柜的柜间线缆是基带机柜和基带机柜之间连接的线缆。柜间线缆包括基带柜接地线缆、基带柜直流输入线缆、SFP 线缆。

柜间线缆通过基带机柜和基带机柜中间的穿线孔连接到对应的接口上。图 2-138 所示为基带 + 基带叠柜的柜间线缆走线示意图。

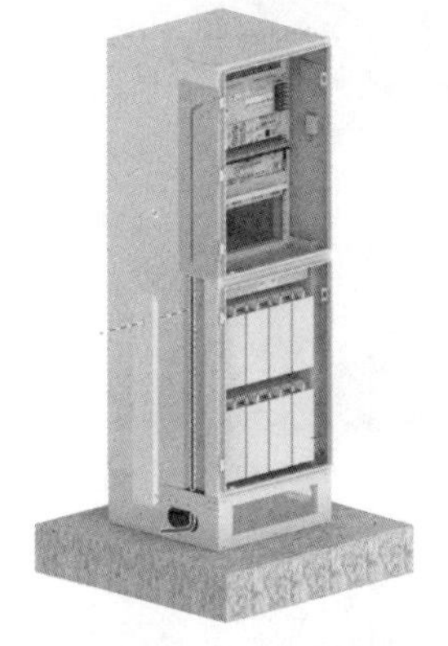
图 2-136　机柜外部线缆走线示意图

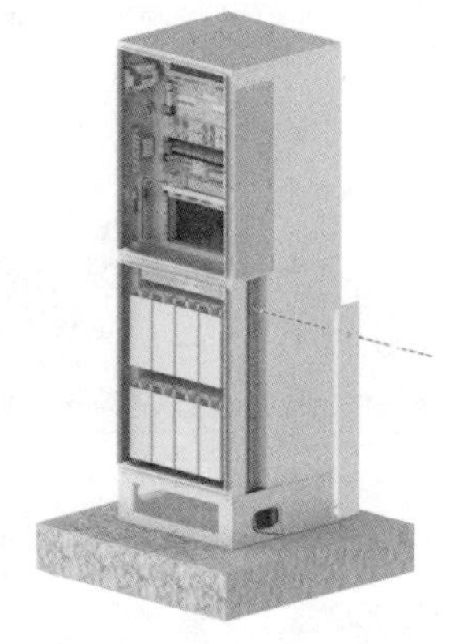
图 2-137　基带 + 电池叠柜的柜间线缆走线示意图

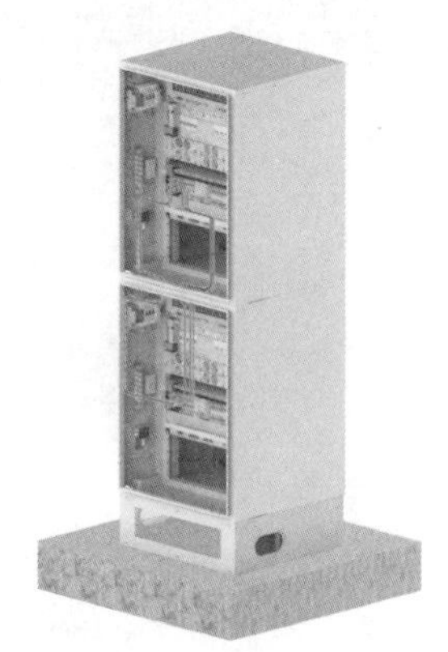
图 2-138　基带 + 基带叠柜的柜间线缆走线示意图

2.5.3 穿线孔的说明

1．基带柜穿线孔的说明

基带柜共有 3 组穿线孔，其功能分别如下。

（1）穿线孔 2、4：用于外部线缆进入机柜或作为上层叠柜时，下层基带柜走线孔。

（2）穿线孔 3：用于叠柜时，与下层电池柜走线孔。

（3）穿线孔 1：用于叠柜时，与下层基带柜走线孔。

基带柜叠柜安装时，穿线孔如图 2-139 所示。

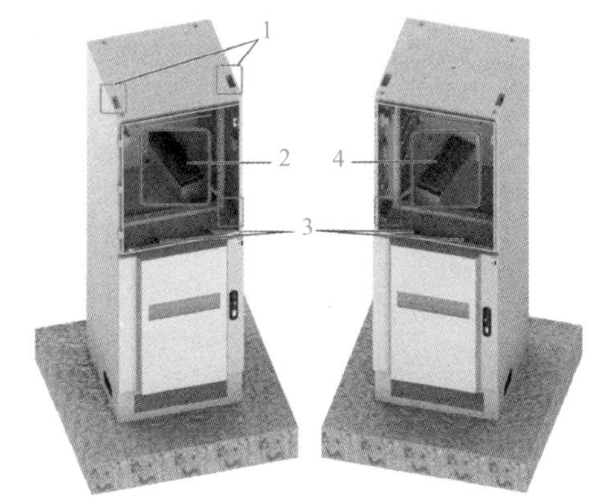

图 2-139　基带柜穿线孔示意图

1- 右侧穿线孔；2- 左侧穿线孔；
3- 前部穿线孔；4- 顶部穿线孔

2．电池柜穿线孔的说明

电池柜共有两组穿线孔，其功能分别如下。

（1）穿线孔 1、3：用于外部线缆进入机柜走线孔。

（2）穿线孔 2：用于叠柜时，与上层基带柜走线孔。

电池柜穿线孔示意图如图 2-140 所示。

电池柜走线槽的说明如下。

（1）为了方便电池机柜与基带柜进行叠柜时走线，分别设计了两个穿线孔和两个走线槽。

（2）两个走线槽位于电池机柜左右两侧，与外环境相通，提供基带柜走线需要。两个穿线孔位于机柜顶部前端位置，用于两机柜之间的走线要求。

① 左右两侧的走线槽在布放线缆时，需要使用机柜自带的梅花形内六角防盗扳手拆除走线槽盖板上的螺丝，将走线槽盖打开，待所有线缆布放完成后再将盖板关闭。柜走线槽盖板如图 2-141 所示。

② 前端两个走线孔在叠柜安装情况下，也需先要拆除原防水板，安装好过线罩后再进行叠柜安装。

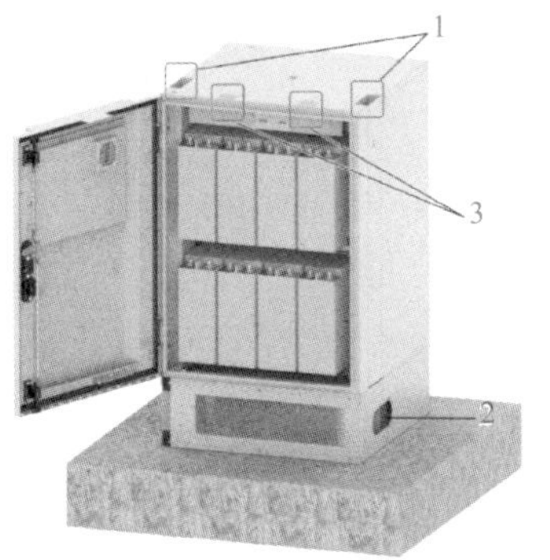

图 2-140　电池柜穿线孔示意图

图 2-141　柜走线槽盖板

2.5.4 线缆布放的工艺要求

（1）电源线和保护地线布放前，用绝缘胶带包好线缆接头。

（2）当电源线和保护地线布放时，应同信号线分开布放。

（3）在走线架内并行布放时，信号线缆、直流电源线、交流电源线、馈线应分开走线，保持 100 mm 以上的距离。

（4）如果信号线和电源线需要交叉，那么交叉角度必须为 90°。

（5）线缆转弯处要有弧度，弯曲半径满足线缆的最小弯曲半径的要求（不小于线缆外径的 20 倍）。

（6）当电源线连接至机柜内配电盒的接线端子时，走线应平直，弧度应圆滑。

（7）线缆的实际安装位置需要满足工勘的要求，并和数据配置保持一致。

（8）线缆的布放路径清晰、合理，转弯均匀圆滑，符合施工图的规定。

（9）信号线排列整齐顺畅无交叉，层次分明，走线平滑。

（10）线缆的布放应便于维护和将来扩容。

2.5.5 线缆绑扎的工艺要求

（1）扎带绑扎应整齐美观，线扣间距均匀，松紧适度，朝向一致。

（2）多余扎带应剪除，扎带必须齐根剪平不留尖。

（3）当电源线和保护地线绑扎时，应同信号线分开绑扎。

（4）机柜内线缆应绑扎在束线圈上。

（5）在走线架上布放线缆时必须绑扎，绑扎后的线缆应互相紧密靠拢，外观平直整齐。

（6）各插头都需要留有适量的拔插余量。

2.5.6 线缆标签规范

标签分为室外标签和室内标签两类。

（1）室外标签：挂牌标签，出厂时随设备配置。

（2）室内标签：粘贴式的纸质打印标签，需要根据现场实际情况制作和打印。

使用纸质标签和挂牌标签必须符合以下规定。

① 纸质标签必须采用专用贴纸。

② 机架行、列标签的内容符合工程设计要求，整个机房中的设备规划有序、一致、齐全、不得重复。

③ 单板上不得粘贴标签或涂写标识。

④ 标签的粘贴朝向一致，表示线缆去向的一面朝上或朝向维护操作面，方便阅读。

⑤ 所有线缆（电源线、地线、传输线、馈线等）两端均要粘贴标签或挂牌。

⑥ 纸质标签紧贴光纤、网线、中继线两端粘贴，各距离端头 20 mm。要求纸标签粘贴高度一致、纸标签方向一致。

⑦ 纸标签紧贴电源线、地线两端粘贴，各距离端头 200 mm。要求纸标签粘贴高度一致、纸标签方向一致。

⑧ 使用挂牌标签线缆的标识牌使用线扣绑扎，各距离端头 200 mm。要求线扣绑扎高度一致、标识牌方向一致。

2.5.7 刀型标签的粘贴方法

线缆两端均需要粘贴标签，标签在线缆上粘贴后长条形文字区域一律朝向右侧或下侧。当线缆垂直布放时，标签朝向右；当线缆水平布放时，标签朝向下。刀型标签粘贴示意图如图

2-142 所示。

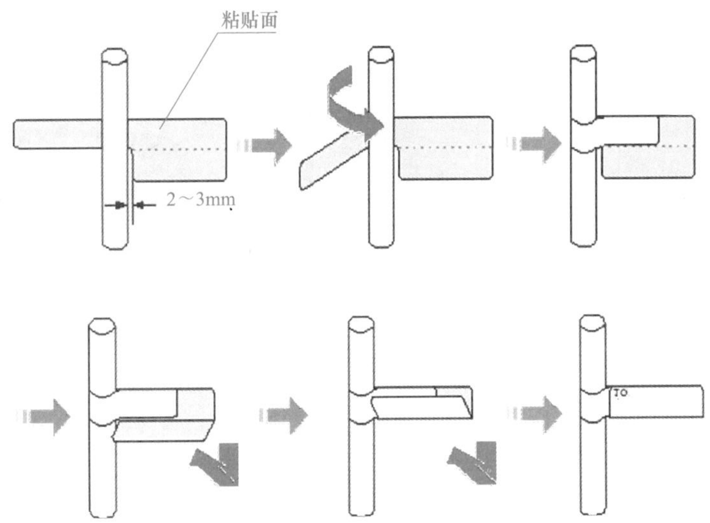

图 2-142　刀型标签粘贴示意图

2.5.8 标签的粘贴示例

（1）机房标签的粘贴示例，如图 2-143 所示。

（2）直流电源线标签的粘贴示例，如图 2-144 所示。

（3）尾纤跳线标签的粘贴示例，如图 2-145 所示。

（4）机房接地排标签的粘贴示例，如图 2-146 所示。

图 2-143　机房标签的粘贴示例

图 2-144　直流电源线标签的粘贴示例

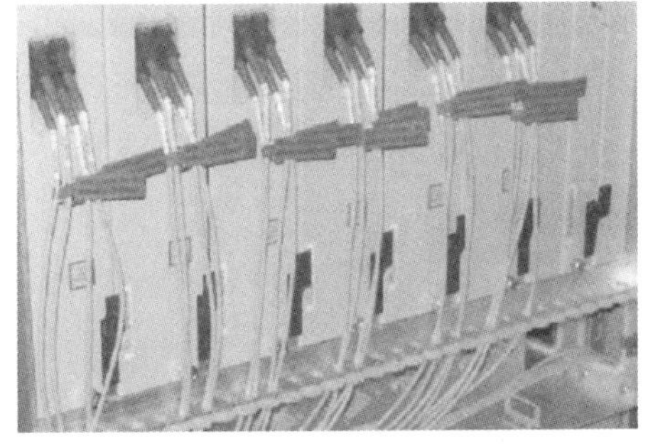

图 2-145　尾纤跳线标签的粘贴示例

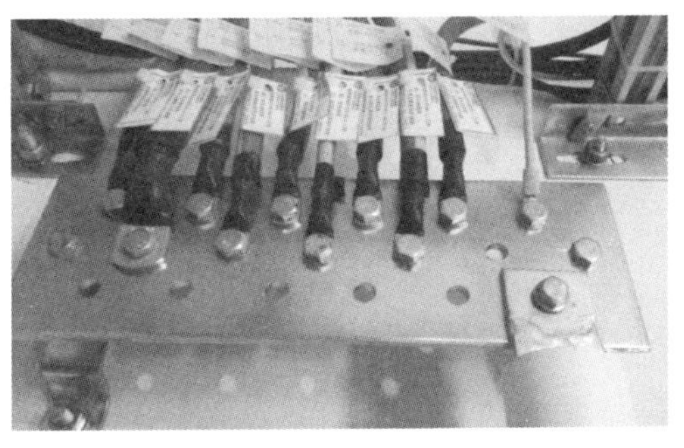

图 2-146　机房接地排标签的粘贴示例

（5）机房 ODF 线缆标签的粘贴示例，如图 2-147 所示。

（6）DDF2M 信号线标签的粘贴示例，如图 2-148 所示。

图 2-147 机房 ODF 线缆标签的粘贴示例

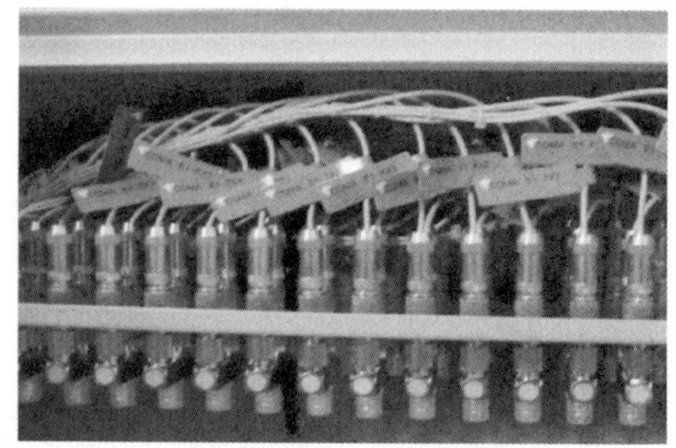

图 2-148　DDF2M 信号线标签的粘贴示例

（7）室外馈线标签的粘贴示例，如图 2-149 所示。

图 2-149　室外馈线标签的粘贴示例

课后习题

1. 线缆转弯处要有弧度，弯曲半径要求不小于线缆外径的（　　）倍。

A. 10　　B. 20　　C. 30　　D. 40

2. 当信号线和电源线需要交叉时，交叉角度必须为（　　）。

A. 45°　　B. 90°　　C. 30°　　D. 60°

3. 简述通信中使用光纤的优点。

项目 3 5G 基站硬件测试

项目概述

硬件安装后，需要对 5G 基站进行硬件测试，以确保设备硬件功能正常。本项目介绍 5G 基站硬件测试的步骤和方法。通过本项目的学习，将使学员具备 5G 基站硬件测试的工作技能。

项目目标

- 能够完成 5G 基站加电。
- 能够测试 5G 基站硬件功能。
- 能够更换 5G 基站部件。

知识地图

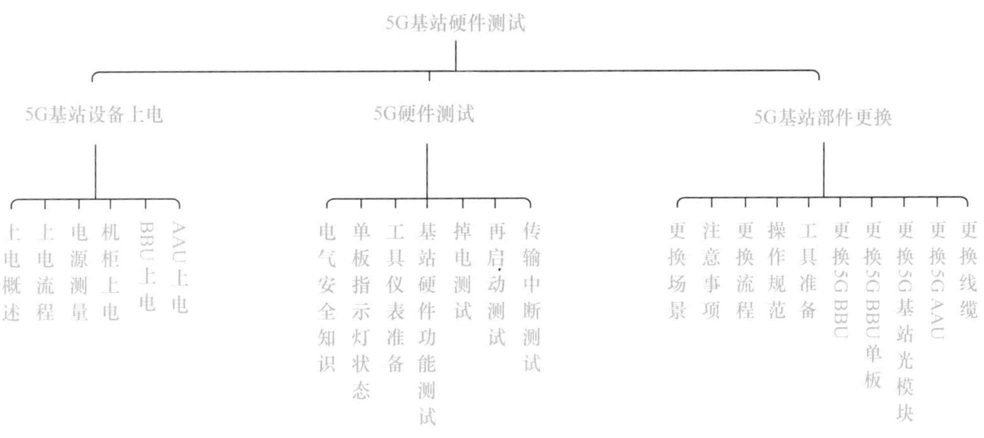

任务 1　5G 基站设备上电

课前引导

请大家回忆打开 / 关闭台式机计算机的正确操作流程。请思考，当把 5G 设备安装完成后，同样需要对 5G 基站设备进行上电，那么你认为 5G 基站设备上电流程是怎样的?

任务描述

本任务主要介绍了 5G 设备安装或维护完成后的上电流程，主要包括机柜上电、BBU 上电、AAU 上电。

通过对本任务的学习，掌握对 5G BBU、AAU 的测量方法；掌握 5G 机柜上电、BBU 上电和 AAU 上电过程中的注意事项以及上电前需满足的前提条件。

任务目标

- 掌握设备电源的测量方法。
- 能够完成机柜上电。
- 能够完成 BBU 上电。
- 能够完成 AAU 上电。

3.1.1 上电概述

当硬件设备完成安装后，需要对 5G 基站进行硬件测试，以确保硬件设备功能正常。而测试的第一步就是上电，只有通过正确的上电，设备才能正常运行。

3.1.2 上电流程

上电流程如图 3-1 所示。

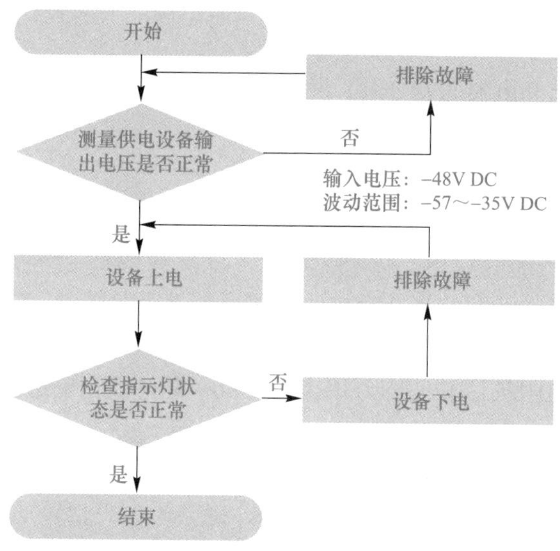

图 3-1　设备上电流程

任务实施

3.1.3 电源测量

1．预置条件

（1）电源工作正常，5G 基站和电源正常连接，电源上电。

（2）BBU、单板、AAU 全部正常上电。

2．BBU 测量

（1）测量步骤如下。

① 关闭机架电源开关，再拔出电源模块插座。

② 打开机架电源开关。

③ 使用数字万用表测量供电电源接线端子的输入电压，并记录。

④ 测试完毕后关闭机架电源开关，并插入电源模块插座。

（2）合格标准如下。

① 电源工作稳定，使用数字万用表测量的值在以下范围内。

a．直流电源输入：−48V DC（允许波动范围为 −57 ～ −40V DC）。

b．交流电源输入：220V AC（允许波动范围为 130 ～ 300V AC，45 ～ 65Hz）。

② 风扇正常转动。

3．AAU 测量

（1）测量步骤。使用数字万用表测量供电电源接线端子的输入电压。

（2）合格标准。电源工作稳定，使用数字万用表测量的值在以下范围内。

直流电源输入：−48V DC（允许波动范围为 −57 ～ −37V DC）。

3.1.4 机柜上电

5G 基站机柜通过内嵌式电源单元输出交流或直流电源，并向各插箱分配电源。

1．预置条件

（1）机柜与供电电源的电源线和地线已经安装就绪。

（2）机柜内部的电源线和地线已经安装就绪。

（3）机柜内的插箱及模块已经安装就绪。

（4）检查所需工具（万用表）已经准备就绪。

2．上电步骤

（1）正确佩戴防静电手环，并将防静电手环可靠接地（机柜上的防静电插孔）。

（2）将配电插箱的所有电源开关设置为“OFF”状态。

（3）将万用表拨至电阻挡，并使用万用表测量机柜配电插箱电源输入端子，确认电源未出现短路故障。

（4）将万用表拨至电压挡，并使用万用表测量直流电源输出端，确认输出电压为额定电压。

（5）将风扇插箱的电源开关置为“ON”状态，确认风扇正常转动。

（6）将电源插箱的电源开关置为“ON”状态，观察面板指示灯，确认电源模块运行正常。

（7）以一个插框为单位（BBU），将其在配电插箱上对应的电源开关置为“ON”状态，观察面板指示灯，确认插框电源运行正常。

（8）如果某模块无反应（相应指示灯异常），可能是插箱电源线、模块槽位或模块本身有问题。如果电源线无问题且更换正常模块后，模块指示灯仍未亮，需要联系设备商进行处理。

（9）重复步骤（7）～（8），完成所有插箱及模块的上电检查。

3.1.5 BBU 上电

本节主要介绍配电单元到 BBU 设备的上电操作。

1．前提条件

（1）供电电压符合 BBU 的要求。

（2）BBU 机箱的电源线缆和接地线缆连接正确。

（3）BBU 机箱的供电电源断开。

2．上电步骤

（1）从 BBU 电源模块上卸下电源线。

（2）开启输入到 BBU 的配电单元的电源开关，使用万用表测量电源线的输出电压，并判断电压情况。

① 若测出电压为 −57 ～ −40V DC，则表示电压正常，可以继续下一步。

② 若测出电压大于 0V DC，则表示电源接反，需重新安装电源线后再测试。

③ 若测出其他情况，则表示输入电压异常，排查配电单元和电源线的故障。

（3）关闭输入到 BBU 的配电单元的电源开关。

（4）电源线插到 BBU 电源模块单板上。

（5）开启输入到 BBU 的配电单元的电源开关，查看 BBU 电源模块指示灯的显示情况。如果电源模块单板工作指示灯常亮，告警指示灯常灭，那么 BBU 上电完成。上电时，若如出现异常，则应立即断开电源，检查异常原因。

3.1.6 AAU 上电

本节主要介绍配电单元到 AAU 设备的上电操作。

1. 前提条件

（1）供电电压符合 AAU 的要求。

（2）AAU 机箱的电源线缆和接地线缆连接正确。

（3）AAU 机箱的供电电源断开。

2. 上电步骤

（1）将供电设备连接到 AAU 接线盒或防雷箱的空气开关闭合。

（2）通过指示灯状态判断 AAU 上电完成。

课后复习及难点介绍

5G 基站设备加电

实训单元：5G 机柜电阻测试

实训目的

（1）掌握 5G 机柜电阻测试的流程。
（2）掌握 5G 机柜电阻测试的验收要求。

实训内容

（1）5G 机柜电阻测试的流程。
（2）5G 机柜电阻测试的验收标准。

实训准备

（1）实训环境准备。

环境：5G 机柜与供电电源的电源线和地线已经安装就绪；机柜内部的电源线和地线已经安装就绪；机柜内的插箱及模块已经安装就绪。

资料：《5G 基站建设与维护》教材。

（2）相关知识要点。5G 机柜电阻测试的流程及验收标准。

实训步骤

（1）首先连接表笔，红色表笔插入 VΩ 挡，黑色表笔插在 COM 端，确保万用表正常，如图 3-2 所示。

（2）旋转万用表挡位（图 3-3），测量电阻就要使用电阻挡，如果不确定电阻值为多少，那么可以旋转到预估值的挡位，如 2 kΩ 挡。

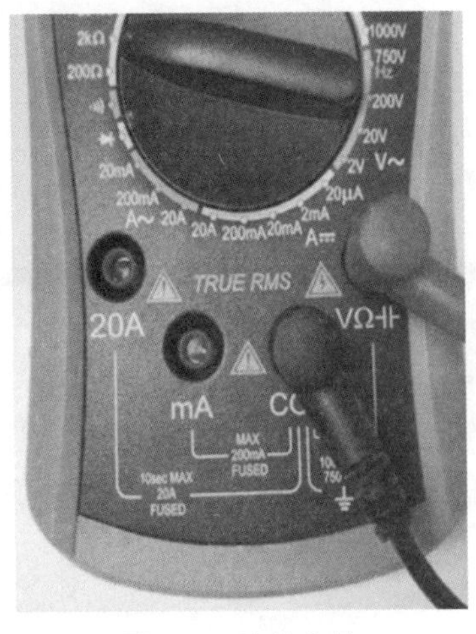

图 3-2　连接表笔

图 3-3　旋转万用表挡位

（3）连接电阻器的两端（图 3-4），表笔随便接，没有正负之分，但一定要确保接触良好；在 5G 机柜测试电阻时，表笔接触机柜接地点或裸金属进行测试（切勿接触机柜漆面）。

（4）读出万用表显示的数据（图 3-5），若万用表上没有出现数据，则检查万用表与测试物体是否接触良好；若没有，则更换量程。

（5）读出万用表显示的数据（图 3-6），如果万用表上没有出现数据，可能是电阻器坏了。还有一种可能就是量程不够，需要更换量程。

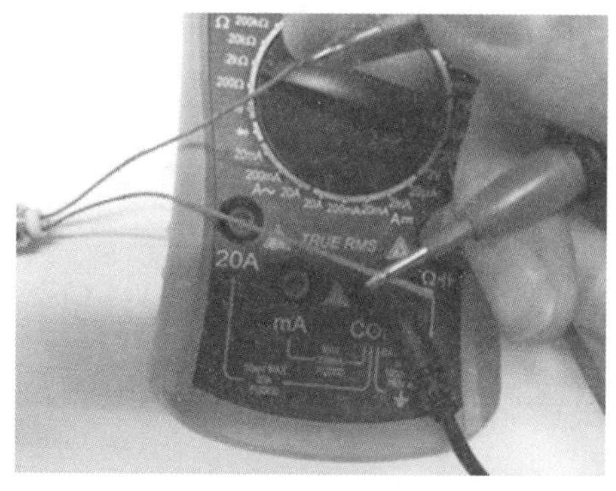

图 3-4　连接电阻器的两端

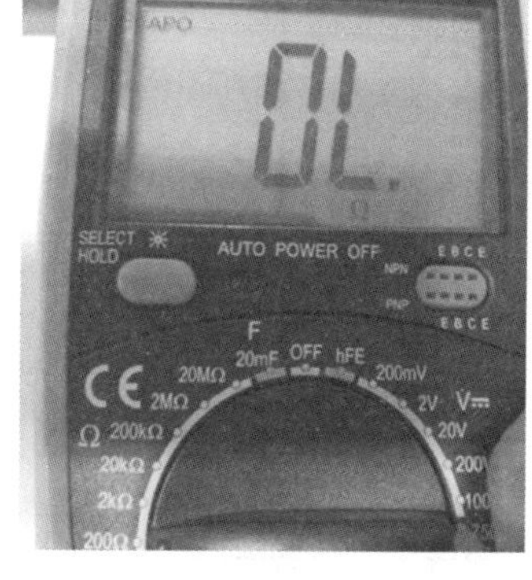

图 3-5　万用表显示的数据 1

图 3-6　万用表显示的数据 2

注意：量程的选择和转换。量程选小了，显示屏会显示“1”，此时应换用较之大的量程；反之，量程选大了，显示屏上会显示一个接近于“0”的数，此时应换用较之小的量程。

评定标准

（1）根据任务描述完成 5G 机柜电阻的测试操作。

（2）根据任务描述完成 5G 机柜电阻的测试验收。

实训小结

实训中的问题：____

____

____

问题分析：____

____

____

问题解决方案：____

____

____

结果验证：____

____

____

实训拓展

请接收并完成实训系统中的设备上电任务。

思考与练习

（1）5G 机柜电阻测试的操作流程是怎样的？

（2）5G 机柜电阻测试的验收标准是什么？

实训评价

组内互评：______________________________

____

____

指导讲师评价及鉴定：______________________________

____

____

课后习题

1. 简述 BBU 上电的前提条件。
2. 简述 AAU 上电的前提条件。

任务 2　5G 硬件测试

课前引导

当计算机出现故障时，会有相应的提示音进行提示和警告。例如，当计算机开机时出现一长两短的声音，表示故障原因可能是显卡松动或显卡错误（或损坏），需要进行处理才能保障计算机的正常运行。而在 5G 基站设备中也有相应的指示灯用于对 5G 基站设备运行状态的监控。请思考，会有哪些类型的指示灯？

任务描述

本任务介绍在基站安装上电后对基站进行硬件测试，主要包括 BBU 硬件测试、AAU 硬件测试、掉电测试、再启动测试和传输中断测试。通过以上测试项验证基站各设备工作状态是否正常，验证各硬件的性能是否符合要求。

通过本任务的学习，了解常见的电气安全知识和测试工具；掌握 BBU 和 AAU 硬件测试的准备条件、测试流程及验收标准，且对在测试过程中出现的异常现象能够有一般性的分析和处理能力。

任务目标

- 能够完成基站硬件功能测试。
- 能够完成掉电和再启动测试。
- 能够完成传输中断测试。

知识准备

3.2.1 电气安全知识

1．高压交流电

（1）高压危险，直接接触或通过潮湿物体间接接触高压、市电，会带来致命危险。当进行高压、交流电操作时，必须使用专用工具，不得使用普通工具。

（2）交流电源设备的操作，必须遵守所在地的安全规范。

（3）进行交流电设备操作的人员，必须具有高压、交流电等作业资格。

（4）操作时，严禁佩戴手表、手链、手镯、戒指等易导电物体。

（5）在潮湿环境下操作维护时，应防止水分进入设备。

2．电源线

（1）在进行电源线的安装、拆除操作之前，必须关掉电源开关。

（2）在连接电缆之前，必须确认连接电缆、电缆标签与实际安装情况相符。

3．雷电

（1）严禁在雷雨天气下进行高压、交流电操作以及铁塔、桅杆作业。

（2）由于在雷雨天气下，大气中会产生强电磁场，因此，为避免雷电击损设备，应及时做好设备的防雷接地工作。

4．静电

（1）人体活动引起的摩擦是产生静电荷积累的根源。在干燥的气候环境中，人体所带的静电电压最高可达 30kV，并较长时间地保存在人体上，当带静电的操作者与器件接触时，会通过器件放电，造成器件损坏。

（2）在接触设备、手拿插板、电路板、IC 芯片等之前，为防止人体静电损坏敏感元器件，必须佩戴防静电手环，并将防静电手环的另一端良好接地。

（3）在防静电手环与接地点之间的连线上，必须串接大于 1MΩ 的电阻以保护工作人员免受意外电击的危险。大于 1MΩ 的阻值对静电电压的放电可以起到足够的保护。

（4）使用的防静电手环应进行定期检查，严禁采用其他电缆替换防静电手环上的电缆。

（5）静电敏感的单板不应与带静电的或易产生静电的物体接触。例如，用绝缘材料制作的包装袋、传递盒和传送带等摩擦，会使器件本身带静电，它与人体接触时发生静电放电而损坏器件。

（6）静电敏感的单板只能与优质放电材料接触，如防静电包装袋。 板件在库存和运输过程中需要使用防静电袋。

（7）测量设备连接单板之前，应释放掉本身的静电，即测量设备应先接地。

（8）单板不能放置在强直流磁场附近，如显示器阴极射线管附近，安全距离至少为 10 cm。

5．单板插拔

为避免不必要的人为损坏模块，维护人员须尽量避免对模块带电插拔，必须插拔的，在插拔过程中要佩戴防静电手环。

3.2.2 单板指示灯状态

表 3-1 所示为交换板指示灯状态说明。

表 3-1　交换板指示灯状态

<table>
<tr><th>指示灯名称</th><th>信号描述</th><th>指示灯颜色</th><th colspan="2">状态说明</th></tr>
<tr><td>RUN</td><td>运行指示灯</td><td>绿色</td><td colspan="2">常亮：加载运行版本
慢闪：单板运行正常
快闪：外部通信异常
灭：无电源输入</td></tr>
<tr><td>ALM</td><td>告警指示灯</td><td>红色</td><td colspan="2">亮：硬件故障
灭：无硬件故障</td></tr>
<tr><td>REF</td><td>时钟锁定指示灯</td><td>绿色</td><td colspan="2">常亮：参考源异常
慢闪：0.3 s 亮，0.3 s 灭，天馈工作正常
常灭：参考源未配置</td></tr>
<tr><td rowspan="3">MS</td><td>NTF 自检触发指示灯</td><td>绿色</td><td colspan="2">快闪：系统自检
慢闪：系统自检完成，重新按 M/S 按钮，恢复正常工作</td></tr>
<tr><td>主备状态指示灯</td><td>绿色</td><td colspan="2">常亮：激活状态
常灭：备用状态</td></tr>
<tr><td>USB 开站状态指示灯</td><td>绿色</td><td colspan="2">慢闪 7 次：检测到 USB 插入
快闪：USB 读取数据中
慢闪：USB 读取数据完成
常灭：USB 校验不通过</td></tr>
<tr><td rowspan="3">ETH1 ～ ETH2</td><td rowspan="3">以太网光口指示灯</td><td rowspan="3">红 / 绿双色</td><td>绿</td><td>高层链路状态指示：
常亮：表示链路正常
慢闪：表示链路正常并且有数据收发</td></tr>
<tr><td>红</td><td>底层物理链路指示：
常亮：光模块故障
慢闪：光模块接收无光
快闪：光模块有光但链路异常</td></tr>
<tr><td>灭</td><td>常灭：无链路 / 光模块不在位 / 未配置</td></tr>
<tr><td rowspan="3">ETH3 ～ ETH4
（只在站间协同时启用）</td><td rowspan="3">以太网光口指示灯</td><td rowspan="3">红 / 绿双色</td><td>绿色</td><td>常亮：表示链路正常
慢闪：端口 Link 正常有数据收发</td></tr>
<tr><td>红色</td><td>常亮：光模块故障
慢闪：光模块接收无光
快闪：每个通道都有光，但是有一linkDown</td></tr>
<tr><td>常灭</td><td>光模块不在位或未配置</td></tr>
<tr><td rowspan="2">ETH5</td><td rowspan="2">以太网电口指示灯</td><td rowspan="2">绿色</td><td>左</td><td>链路状态指示：
常亮：表示端口底层链路正常
常灭：表示端口底层链路断开</td></tr>
<tr><td>右</td><td>数据状态指示：
常灭：表示无数据收发
闪：表示有数据传输</td></tr>
<tr><td rowspan="4">DBG/LMT</td><td rowspan="4">调试接口指示灯</td><td rowspan="4">绿色</td><td rowspan="2">左</td><td>链路状态指示：</td></tr>
<tr><td>常亮：表示端口底层链路正常
常灭：表示端口底层链路断开</td></tr>
<tr><td rowspan="2">右</td><td>数据状态指示：</td></tr>
<tr><td>常灭：表示无数据收发
闪：表示有数据传输</td></tr>
</table>

基带板指示灯状态说明如表 3-2 所示。

表 3-2　基带板指示灯状态说明

<table>
<tr><th>指示灯名称</th><th>信号描述</th><th>指示灯颜色</th><th colspan="2">状态说明</th></tr>
<tr><td>RUN</td><td>运行指示灯</td><td>绿色</td><td colspan="2">常亮：加载运行版本
慢闪：单板运行正常
快闪：外部通信异常
常灭：无电源输入</td></tr>
<tr><td>ALM</td><td>告警指示灯</td><td>红色</td><td colspan="2">亮：硬件故障
灭：无硬件故障</td></tr>
<tr><td rowspan="2">OF1-OF6</td><td rowspan="2">光口指示灯</td><td rowspan="2">红 / 绿双色</td><td>绿色</td><td>高层链路状态指示：
闪：表示链路正常
灭：光模块不在位或未配置</td></tr>
<tr><td>红色</td><td>底层物理链路指示：
常亮：光模块故障
慢闪：光模块接收无光
快闪：光模块有光但帧失锁
常灭：光模块不在位或未配置</td></tr>
</table>

风扇模块指示灯状态说明如表 3-3 所示。

表 3-3　风扇模块指示灯状态说明

指示灯名称	指示灯颜色	信号描述	状态说明
RUN	绿色	-48V 电源模块状态指示灯	常亮：加载运行版本 慢闪：单板运行正常 快闪：外部通信异常 灭：　无电源输入
ALM	红色	-48V 电源模块告警灯	亮：硬件故障 灭：无硬件故障

电源模块指示灯状态说明如表 3-4 所示。

表 3-4　电源模块指示灯状态说明

指示灯名称	指示灯颜色	信号描述	状态说明
PWR	绿色	运行指示灯	常亮：电源正常工作 灭：无电源接入
ALM	红色	告警灯	灭：无故障 常亮：输入过压、输入欠压

任务实施

3.2.3 工具仪表准备

（1）工具：十字螺丝刀（4″、6″、8″各一个）、一字螺丝刀（4″、6″、8″各一个）、活动扳手（6″、8″、10″、12″各一个）、套筒扳手一套、防静电手环、老虎钳一把（8″）、绳子、梯子。

（2）仪器仪表：万用表一个。

3.2.4 基站硬件功能测试

1．BBU 硬件测试

1）预置条件

（1）基站各单板指示灯状态正常，网管可正常接入。

（2）选择在刚开通时或选择话务偏低的时段测试。

（3）测试过程中，插拔单板时佩戴防静电手环。

2）测试步骤

（1）检查 BBU 机架的单板是否齐备，是否符合规划的要求。

（2）检查各单板槽位是否插得正确。

（3）上电启动正常后，检查 BBU 机架上各单板的指示灯状态是否正常，指示灯状态请参见 3.2.2 节。

3）测试标准

（1）BBU 机架的单板配置齐备，符合要求。

（2）各单板的槽位正确，符合规划的要求，且固定到位。

（3）上电启动完成后，各单板的指示灯状态正常。

4）测试说明

（1）需要检查的单板包括交换板和基带板。

（2）上电等待一段时间后，可通过指示灯来查看单板是否启动正常。

2．AAU 硬件测试

1）预置条件。

（1）基站 BBU 各单板指示灯状态正常，网管可正常接入。

（2）BBU-AAU 接口光纤通信正常。

（3）BBU 和 AAU 已经完成数据配置。

（4）选择在刚开通时或选择话务偏低的时段测试。

2）测试步骤

（1）检查 AAU 与基带板光口的连接关系是否正确。

（2）AAU 上电启动后，在 LMT 或网管上查看 AAU 是否进入工作状态。

3）验收标准

（1）AAU 与基带板光口的连接关系，与实际拓扑配置是否相符且收发连接正确。

（2）上电启动正常后，能够通过 LMT 或网管确认 AAU 是否处于正常工作状态，且无告警。

4）测试说明

上电等待一段时间后，可通过 LMT 或网管查询获取 AAU 工作状态。

3.2.5 掉电测试

1）预置条件

（1）基站各单板指示灯状态正常。

（2）网管已经正确安装，并能正常连接基站。

（3）掉电前，在该 5G 基站下终端可以正常接入。

（4）选择刚开通时或话务偏低的时段进行测试。

2）测试步骤

（1）关电前后，检查电源指示灯亮灯情况。

（2）手动对基站系统进行下电操作。

（3）1 min 后，给基站上电，等待设备运行正常后发起业务。

（4）检查各单板指示灯状态是否正常。

3）验收标准

（1）掉电后，业务挂断，资源正常释放，各指示灯常灭。

（2）重新上电后，基站与网管通信恢复正常，可远程控制基站。

（3）上电等待一段时间后，各单板正常启动，各单板指示灯状态正常，可以接入并进行业务测试。

4）测试说明

（1）需要检查的单板包括交换板和基带板。

（2）上电等待一段时间后，可通过指示灯来查看单板是否启动正常。

3.2.6 再启动测试

1）预置条件

（1）基站各单板指示灯状态正常。

（2）网管已经正确安装并能正常连接基站。

（3）下电前，在该 5G 基站下终端可以正常接入。

（4）选择刚开通时或话务偏低的时段进行测试。

2）测试步骤

触发条件 1：拔插任意基站单板，等单板启动正常后，重新接入业务。

触发条件 2：插入任意基站单板，等单板启动正常后，重新接入业务。

触发条件 3：通过网管复位任意单板，等各单板启动正常后，重新接入业务。

3）验收标准

（1）各单板启动正常后，可重新接入并进行 ping 业务。

（2）单板面板指示灯显示正常。

4）测试说明

对下一块单板进行再启动测试，必须在前一次测试重新接入业务以后进行。

3.2.7 传输中断测试

1）预置条件

（1）基站各单板指示灯状态正常。

（2）基站传输正常，到网管链路、核心网链路正常。

（3）业务正常。

2）测试过程

（1）断开该基站的光口传输（可通过拔出交换板上的 ETH1/ETH2 口传输光纤触发），观察传输接口指示灯状态。

（2）恢复传输，等待一段时间后，观察交换板上的指示灯状态。

（3）发起业务测试。

3）验收标准

（1）传输断开时，传输接口指示灯灭。

（2）传输恢复 2 min 后，传输接口指示灯正常。

（3）传输恢复 2 min 后，可以成功进行业务拨打。

4）测试说明

本测试项对配置光口传输的环境适用。

课后复习及难点介绍

5G 基站硬件测试

课后习题

1. 简述掉电测试的测试步骤。
2. 简述传输中断测试的验收标准。

任务 3　5G 基站部件更换

课前引导

在5G基站的安装和硬件测试规范后，如果维护人员此时需要对BBU的故障单板进行更换，那么更换步骤和更换过程中的注意事项有哪些?

任务描述

本任务主要介绍 5G 基站部件更换的注意事项、工具准备、操作规范，主要涉及 5G BBU 风扇模块、BBU 横插单板、BBU 电源模块、基站光模块、5G AAU 和相关线缆的更换注意事项和更换流程，以及 5G 部件更换过程中，如何避免对设备造成损坏或避免业务受到影响。

通过本任务的学习，掌握 5G BBU 风扇模块、BBU 横插单板、BBU 电源模块、基站光模块、5G AAU 和相关线缆的更换流程，以及在更换过程中的注意事项，能够在更换完成后独立正确地判断是否更换成功，掌握更换失败后的原因分析能力。

任务目标

- 能够更换 BBU。
- 能够更换 BBU 单板。
- 能够更换光模块。
- 能够更换 AAU。
- 能够更换相关线缆。

知识准备

3.3.1 更换场景

部件更换通常在以下场景中进行。

1. 设备维护

部件更换是维护人员进行设备维护的常用手段，维护人员可以通过告警或其他设备维护信息来确定硬件故障的范围。若单板或机框部件因故障已退出服务，则可以直接进行相应的更换操作。

2. 硬件升级

当部件增加新功能时，需要对硬件进行升级等。

3. 设备扩容

当对设备扩容时，可能需要对某些部件进行更换或插拔操作。

3.3.2 注意事项

在部件更换过程中，维护人员需要注意避免对设备造成损坏或使业务受到影响。需要注意的设备安全事项包括以下几点。

（1）在部件更换过程中，需要注意避免对设备造成其他的损坏。例如，由于不规范的操作引起的背板插针弯曲。

（2）在部件更换过程中，尽量不影响系统正常业务的运行。

① 建议不要在话务高峰时期更换可能影响业务的部件，尽量选择话务量最低的时间进行部件更换，如凌晨 2 ～ 4 点。

② 对于主备用运行的部件，禁止直接更换主用部件，应该先进行主备倒换，确认需更换的部件变为备用状态时再进行更换。

（3）部件更换不得在雨雪天气下进行。

3.3.3 更换流程

为确保设备的运行安全，使部件更换操作对系统业务的影响降到最低限度，维护人员在执行部件更换操作时，必须严格遵循本书所规定的基本操作流程。图 3-7 所示为部件更换的基本操作流程。

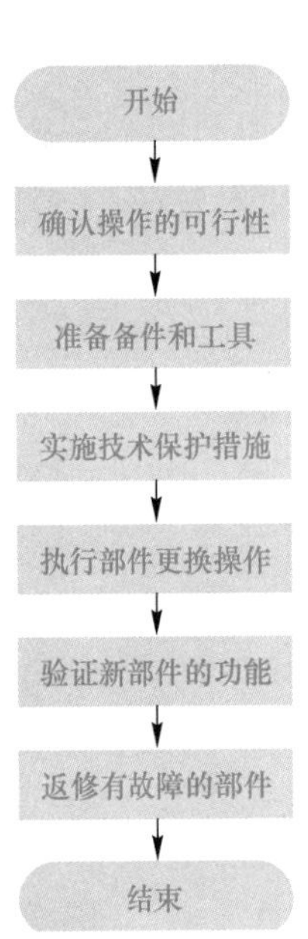

图 3-7 部件更换的基本操作流程

1. 确认操作的可行性

当维护人员需要对某个设备部件执行更换操作时，需要对本次操作的可行性进行必要的评估。

（1）确认设备库房有被更换部件的可用备件。当运营商的设备库房中没有被更换部件的可用备件时，维护人员应及时联系设备商。

（2）确认维护人员有能力执行本次更换操作。部件更换操作只能由有资格的维护人员执行，即维护人员必须具备以下基本素质。

① 熟悉各个部件的功能与作用。

② 了解部件更换的基本操作流程。

③ 掌握部件更换的基本操作技能。

④ 可以控制本次更换操作的风险。

（3）维护人员在执行部件更换操作之前，必须全面评估本次操作的风险，即评估在设备不掉电的情况下是否可以通过一定的技术保护措施来控制风险。只有在风险可控的情况下，维护人员才可以执行更换操作。

2．准备备件

在确认本次更换操作可行的情况下，维护人员应准备被更换部件的备件与必要的工具。运营商应保持一定的备件库存，及时返修有故障的部件，确保重要部件有足够的库存。

（1）实施技术保护措施。部件更换具有一定的操作风险，维护人员可以通过实施技术保护措施来规避这种风险。

（2）执行部件更换操作。在确认相应的技术保护措施已经到位的情况下，维护人员可按照本书的相关操作规程执行部件的更换操作。

（3）验证新部件的功能。当维护人员完成部件的更换操作之后，需要参考本书提供的相关检查或测试方法验证新部件的功能。只有在确认新部件的功能完全正常的情况下，本次更换操作才是成功的；否则，维护人员应及时联系设备商，以便能够快速获取设备商的技术支持。

（4）返修有故障的部件。对于更换下来并确认有故障的部件，维护人员应及时联系设备商，将故障部件送至设备商维修，以保证库存备用部件能够及时补充。

3.3.4 操作规范

在更换部件的过程中，操作人员必须遵守操作规范，以免发生人员伤害和设备损坏。表 3-5 所示为单板更换操作规范示例。

表 3-5　单板更换操作规范示例

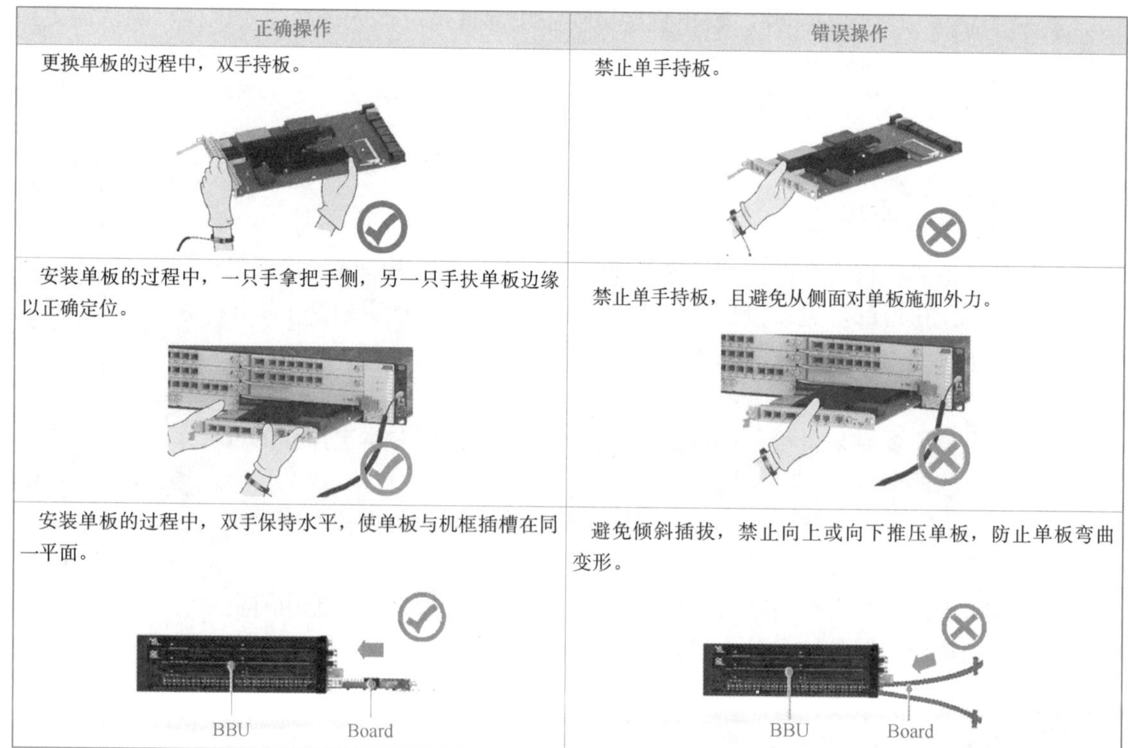

正确操作	错误操作
更换单板的过程中，双手持板。	禁止单手持板。
安装单板的过程中，一只手拿把手侧，另一只手扶单板边缘以正确定位。	禁止单手持板，且避免从侧面对单板施加外力。
安装单板的过程中，双手保持水平，使单板与机框插槽在同一平面。	避免倾斜插拔，禁止向上或向下推压单板，防止单板弯曲变形。

任务实施

3.3.5 工具准备

更换 BBU 和单板的工具如表 3-6 所示。

表 3-6　更换 BBU 和单板的工具

工具名称	示意图	工具名称	示意图
防静电手环	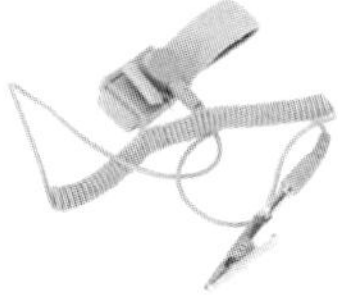	标签	
防静电手套	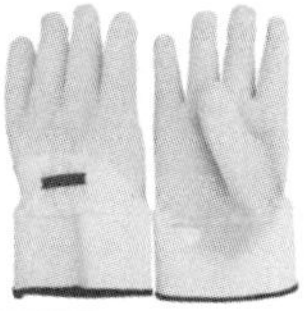	一字螺丝刀	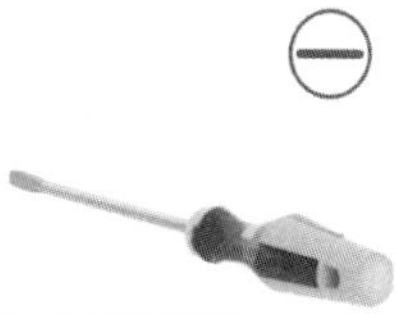
十字螺丝刀	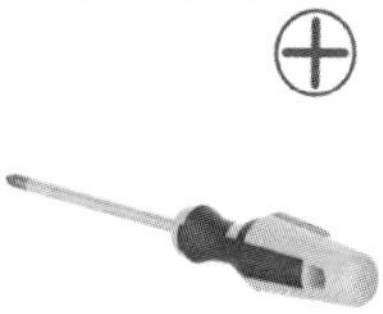	防静电盒 / 防静电袋	

更换 AAU 的工具如表 3-7 所示。

表 3-7　更换 AAU 的工具

工具名称	示意图	工具名称	示意图
螺丝刀	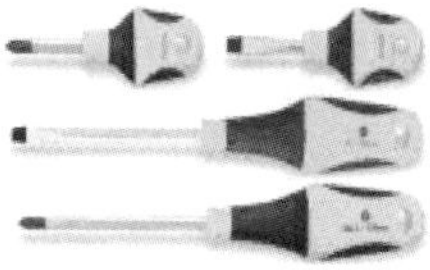	内六角扳手	
扳手	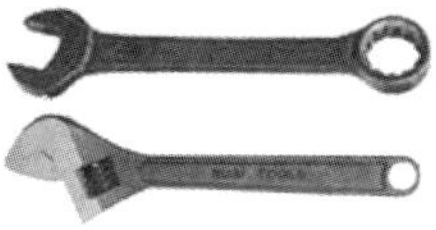	安全帽	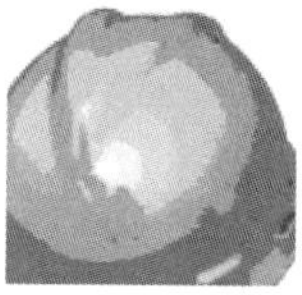
美工刀		防护手套	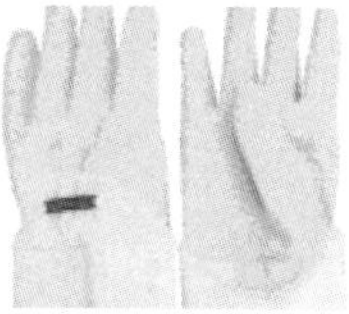
钳子		梯子	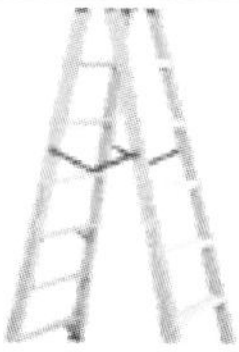

3.3.6 更换 5G BBU

BBU 更换流程如图 3-8 所示。

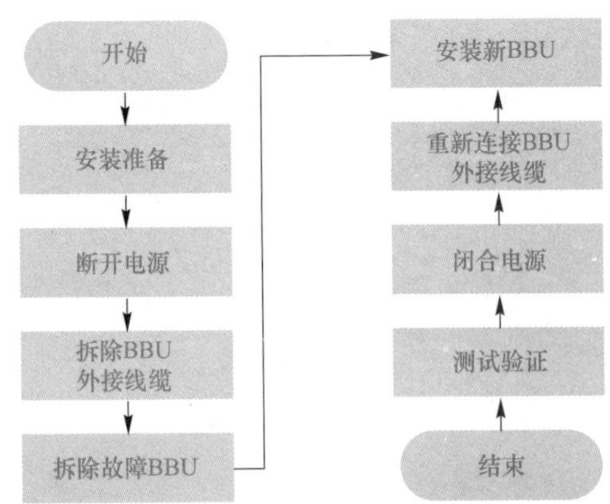

图 3-8　BBU 更换流程

为避免静电危害，执行本操作前请正确佩戴防静电手环。

更换步骤如下。

（1）更换前，必须断开直流电源分配模块上为 BBU 供电的电源开关，保证操作安全。图 3-9 所示为断开为 BBU 供电的电源开关。

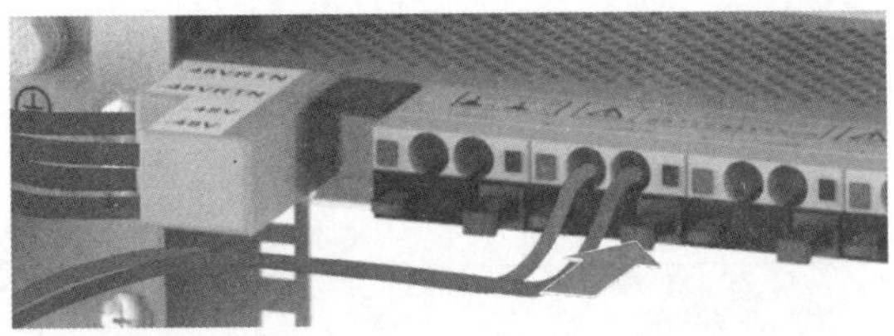

图 3-9　断开为 BBU 供电的电源开关

（2）拆除 BBU 端的光纤、电源线、GPS、接地线等线缆，如图 3-10 所示。

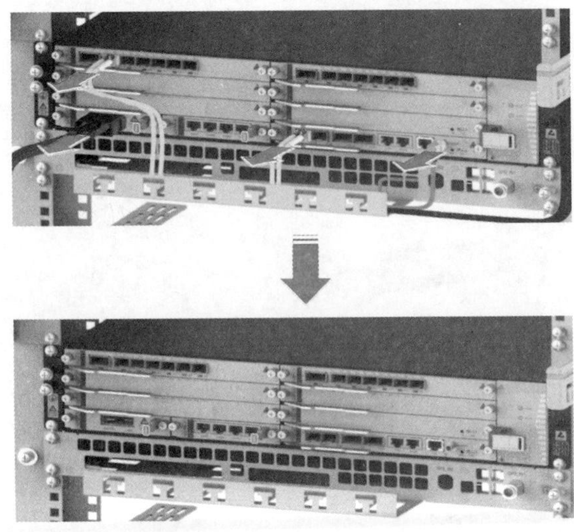

图 3-10　拆除 BBU 端所有线缆

（3）拧下需更换 BBU 设备上的固定螺钉，将插箱轻轻拉出，拆卸 BBU 插箱如图 3-11 所示。

（4）将准备好的新 BBU 插箱插入原 BBU 机柜插槽单元中，并固定 BBU 和机架上的螺钉，如图 3-12 所示。

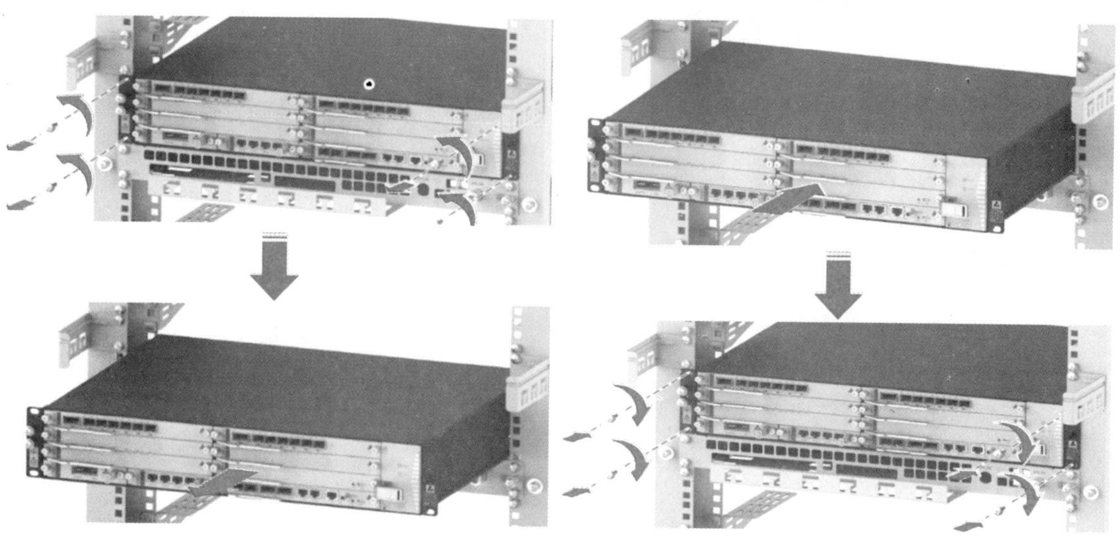

图 3-11　拆卸 BBU 插箱　　图 3-12　插入新 BBU 插箱

（5）按照原线缆标签的说明，重新安装 BBU 插箱上的所有线缆，如图 3-13 所示。

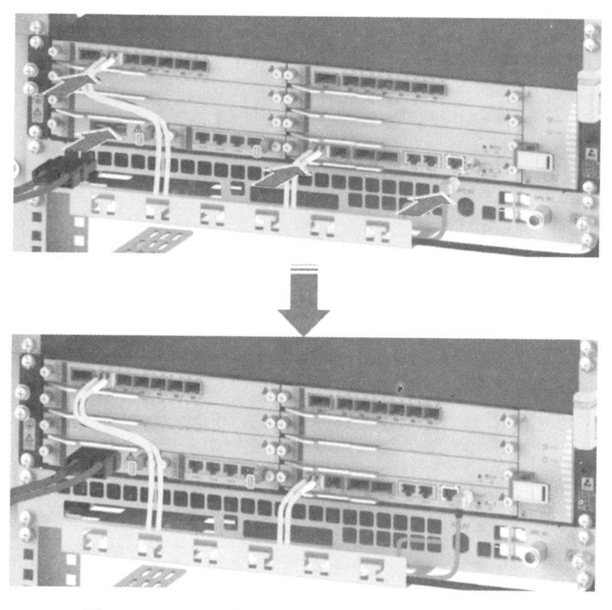

图 3-13　重新安装 BBU 插箱上的所有线缆

（6）线缆安装完成后，检查电源线、接地线、光纤、GPS 的连接，在确认所有线缆全部安装正确后，闭合 BBU 供电电源开关，如图 3-14 所示。

（7）将更换下来的 BBU 插箱放入防静电袋中，并粘贴标签，标明具体型号及更换详细原因，然后存放在纸箱中，纸箱外面也应粘贴相应的标签，以便日后辨认或故障定位处理。回收故障 BBU 插箱如图 3-15 所示。

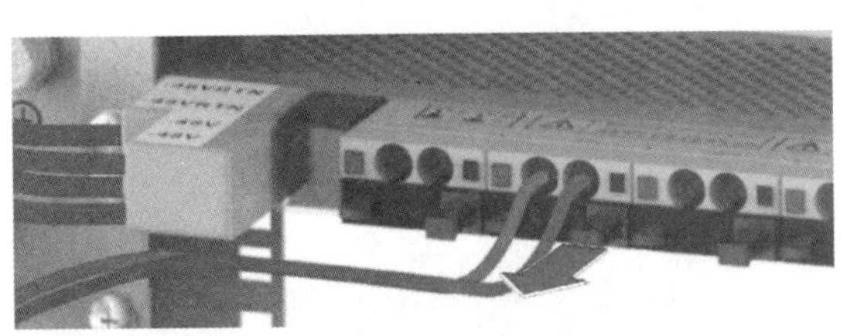

图 3-14　闭合 BBU 供电电源开关

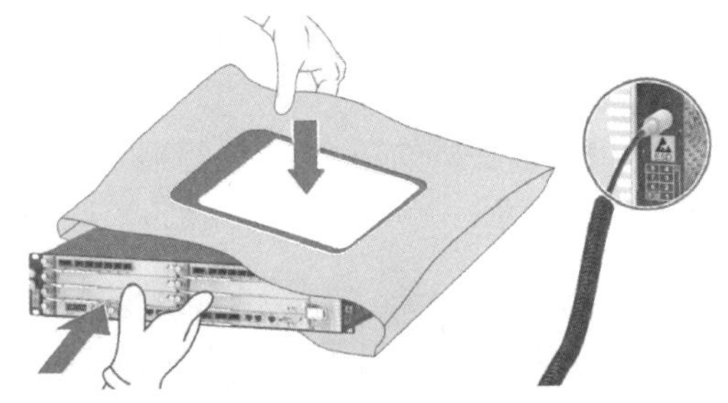

图 3-15　回收故障 BBU 插箱

3.3.7 更换 5G BBU 单板

BBU 单板的更换流程如图 3-16 所示。

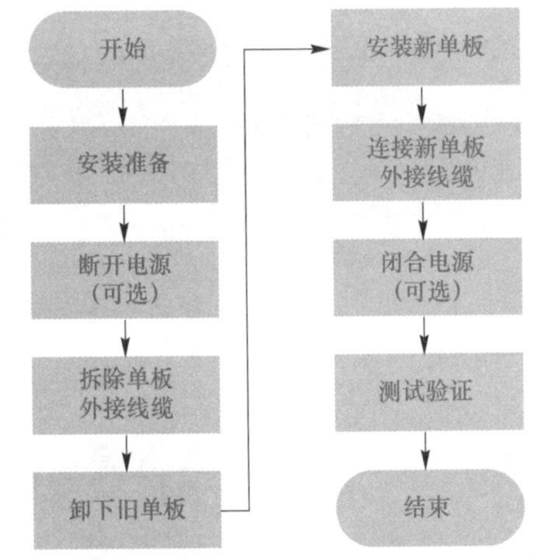

图 3-16　BBU 单板的更换流程

1．更换 5G BBU 风扇模块

更换 5G BBU 风扇模块的注意事项如下。

（1）佩戴防静电手环或防静电手套。

（2）检查新单板，确保新单板与故障 / 更换单板型号一致。

（3）更换工具主要有防静电袋、标签。

（4）风扇模块要在一定限制时间内完成更换动作，否则没有风扇散热，其他单板可能发生过温告警或触发掉电保护，导致基站服务性能降低。

更换步骤如下。

（1）握住风扇模块的把柄，压住红色活动模块，然后均匀用力向外拉出风扇模块。图 3-17 所示为向外拉出故障风扇模块。

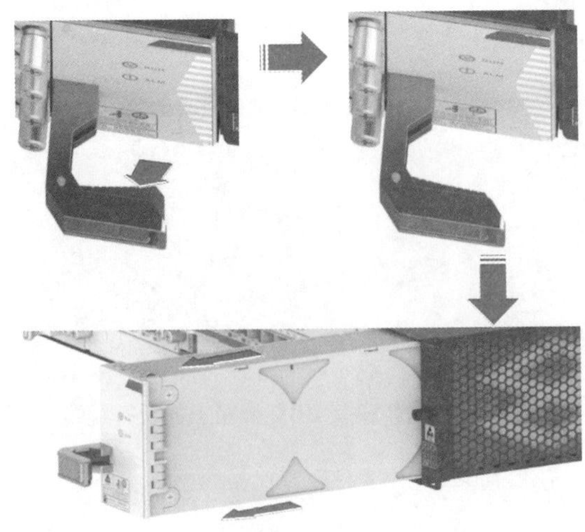

图 3-17　向外拉出故障风扇模块

（2）对准插箱上下导轨插入新风扇模块，听到锁扣发出响声，则说明新风扇模块已经安装到位，如图 3-18 所示。

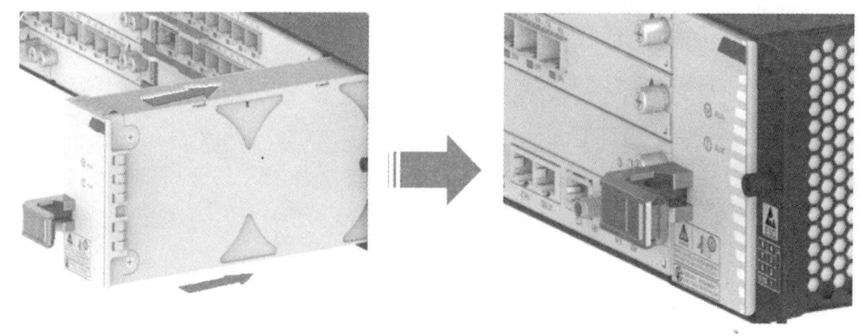

图 3-18　插入新风扇模块

（3）测试新风扇模块是否能够正常工作，测试新风扇模块指示灯如图 3-19 所示。查看状态运行指示灯（RUN）是否慢闪，若是慢闪，则更换成功；否则，需检查故障原因。

（4）将更换下来的单板放入防静电袋中，并粘贴标签，标明型号及更换 / 故障的详细信息，然后存放在纸箱中，纸箱外面也应粘贴相应的标签，以便日后辨认或故障定位处理。图 3-20 所示为回收故障风扇模块。

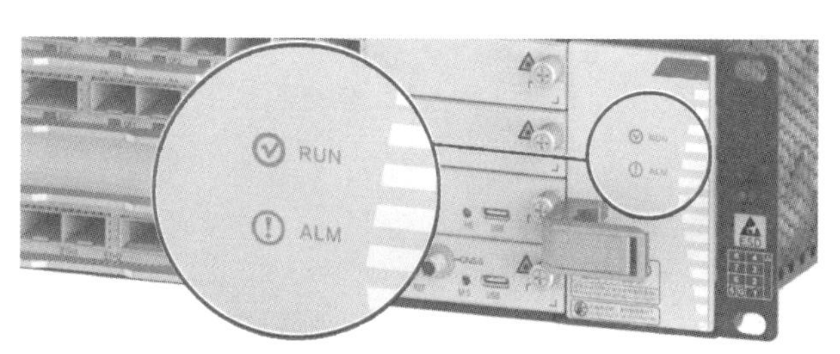

图 3-19　测试新风扇模块指示灯

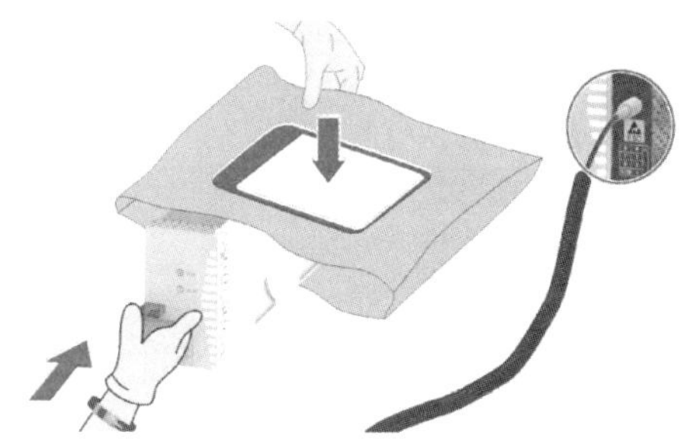

图 3-20　回收故障风扇模块

2．更换 5G BBU 横插单板

横插单板包括环境监控板、交换板和基带板等。

更换 5G BBU 横插单板的注意事项如下。

（1）佩戴防静电手环或防静电手套。

（2）检查新单板，确保新单板与故障 / 更换单板型号一致。

（3）更换工具主要有十字螺丝刀、吸塑单板盒、防静电盒 / 防静电袋、标签。

（4）更换独立工作的单板将导致该单板支持的业务中断。

（5）更换单板的过程中，如果需要拔插光纤，注意保护光纤接头，避免弄脏。

（6）插入单板时，注意沿槽位插紧，若单板未插紧，则可能导致设备运行时产生电气干扰或对单板造成损害。

（7）在拔插光纤的过程中，注意标识收发线缆，避免再次插入时插反收发线缆。

更换步骤（以基带板为例，交换板、环境监控板、通用计算板步骤相同）如下。

（1）拆除基带单板上的外部连接线缆，并做好标记，如图 3-21 所示。

图 3-21　拆除单板上的外部连接线缆

（2）拔出基带板单板上的光模块，如图 3-22 所示。

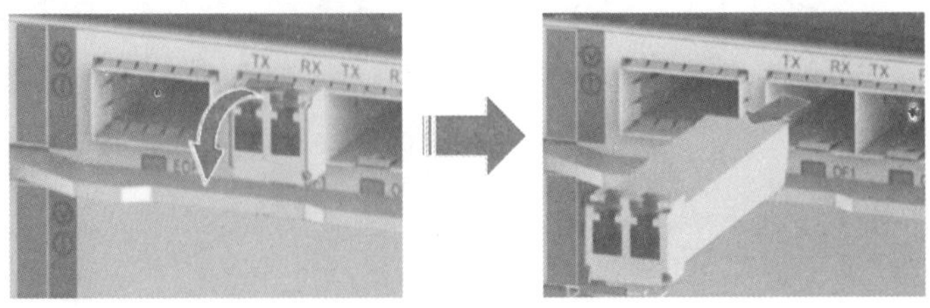

图 3-22　拔出光模块

（3）拧松基带单板上的两侧螺丝，并扳开把手，如图 3-23 所示。

（4）拔出故障基带单板，如图 3-24 所示。

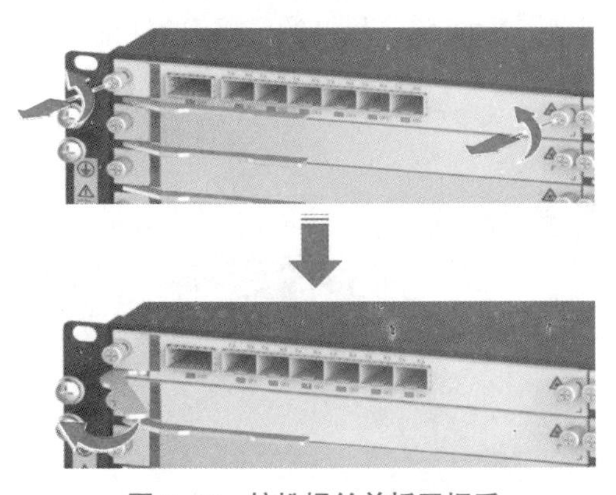

图 3-23　拧松螺丝并扳开把手

图 3-24　拔出故障单板

（5）对准插箱左右导轨均匀用力，在规划槽位插入新基带单板，如图 3-25 所示。

（6）向内侧用力压，锁定把手并拧紧单板上的两侧螺丝，如图 3-26 所示。

图 3-25　插入新单板

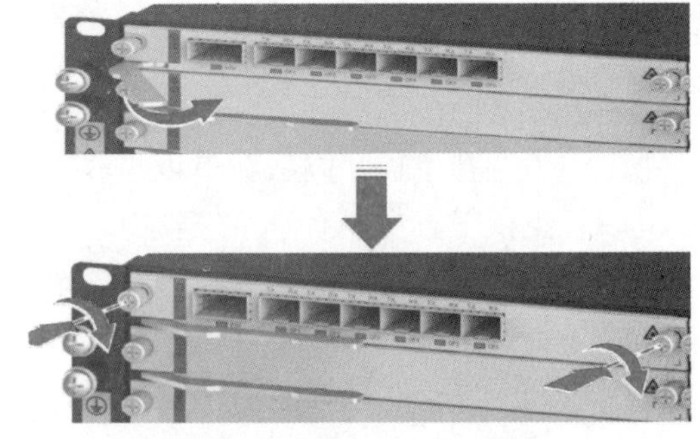

图 3-26　锁定把手并拧紧螺丝

（7）插入原光口光模块，避免混用原光口所对应的光模块，如图 3-27 所示。

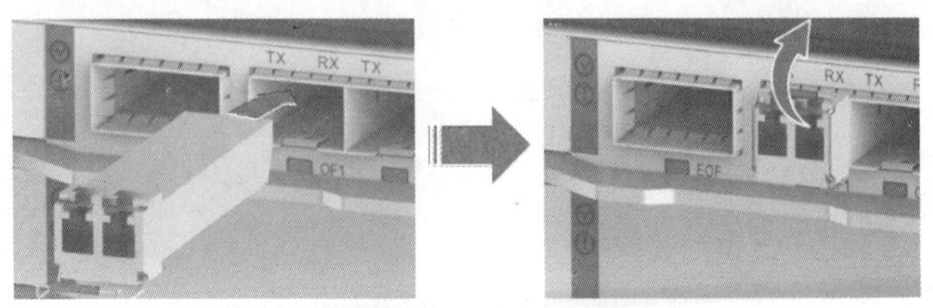

图 3-27　插入原光口光模块

（8）重新连接基带板上的光纤，如图 3–28 所示。

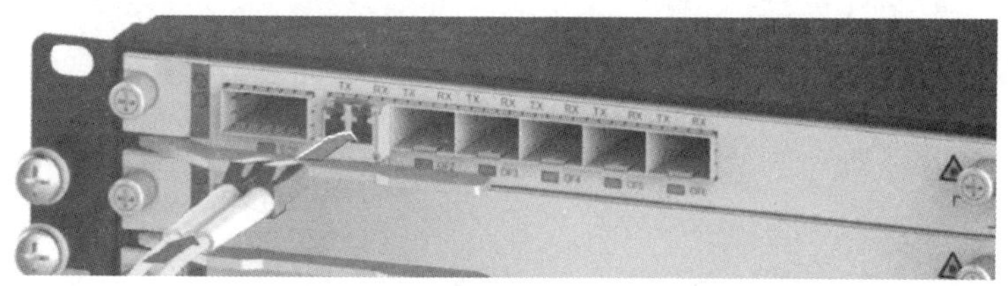

图 3–28　连接基带板上的光纤

（9）查看新基带单板是否能够正常工作。若工作状态指示灯由快闪变为慢闪（此过程需要几分钟），并无告警，则更换成功；否则，需要进行故障排除。检查新单板是否正常工作，如图 3–29 所示。

（10）将替换下来的基带单板放入防静电袋中，并放入吸塑单板盒，粘贴标签，标明单板型号及故障 / 更换信息，然后存放在纸箱中，纸箱外面也应粘贴相应的标签，以便日后辨认或故障定位处理。回收故障单板如图 3–30 所示。

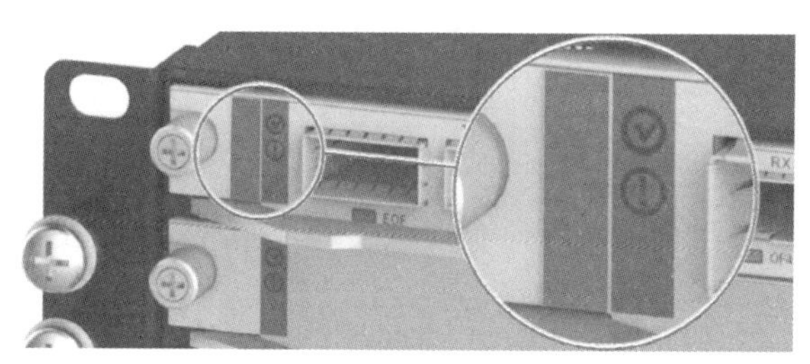

图 3–29　检查新单板是否正常工作

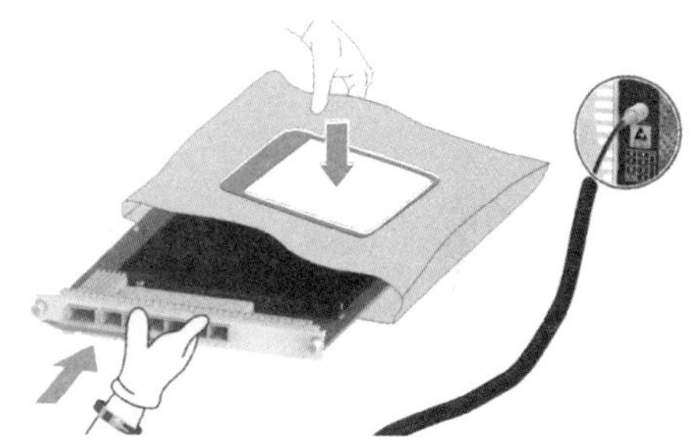

图 3–30　回收故障单板

3．更换 5G BBU 电源模块

更换 5G BBU 电源模块的注意事项如下。

（1）已佩戴防静电手环或防静电手套。

（2）已检查新电源模块，确保新电源模块和故障 / 更换单板型号一致。

（3）更换工具主要有十字螺丝刀、吸塑单板盒、防静电盒 / 防静电袋、标签。

（4）更换电源模块将导致业务中断。

更换步骤如下。

（1）断开直流电源分配模块上为 BBU 电源模块供电的配套电源开关，如图 3–31 所示。

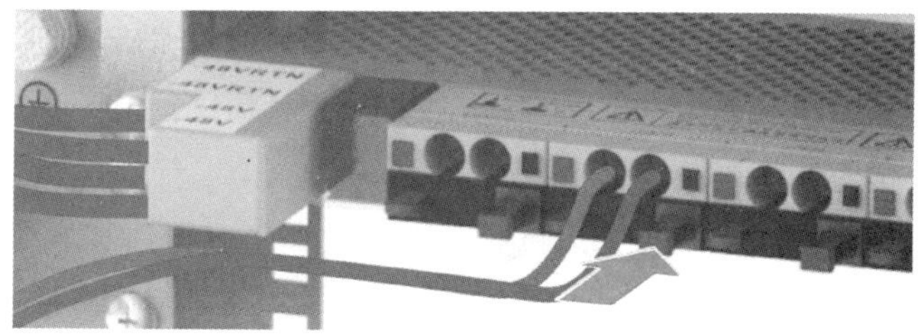

图 3–31　断开为电源模块供电的配套电源开关

（2）拆卸电源模块电源线，如图 3–32 所示。首先把电源插头的拉环往外拉，同时往外拔出电源插头，切不可用蛮力插拔以免损害电源连接器。

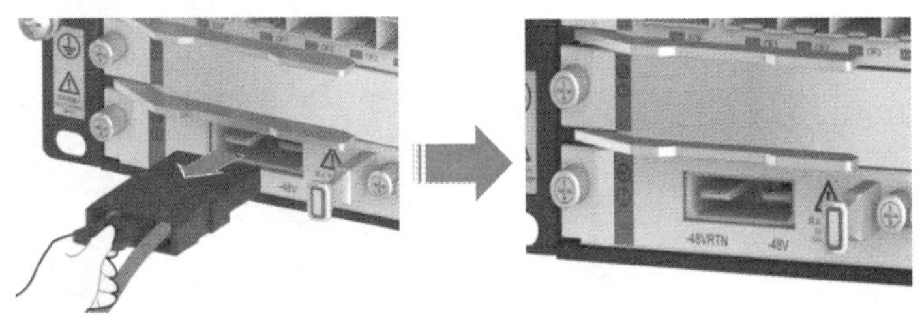

图 3-32　拆卸电源模块电源线

（3）拧松电源模块两边的螺丝，握住凸出的蓝色模块向外用力拔出电源模块，如图 3-33 所示。

（4）握住凸出的蓝色模块向内用力，插入新电源模块在原电源模块的槽位，并拧紧两边的螺丝，如图 3-34 所示。

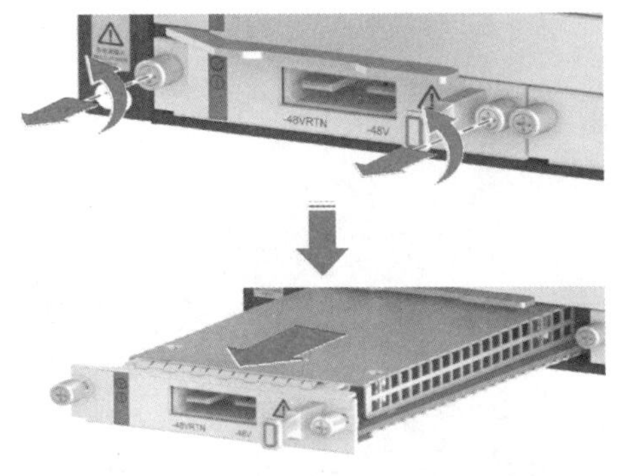

图 3-33　拔出电源模块

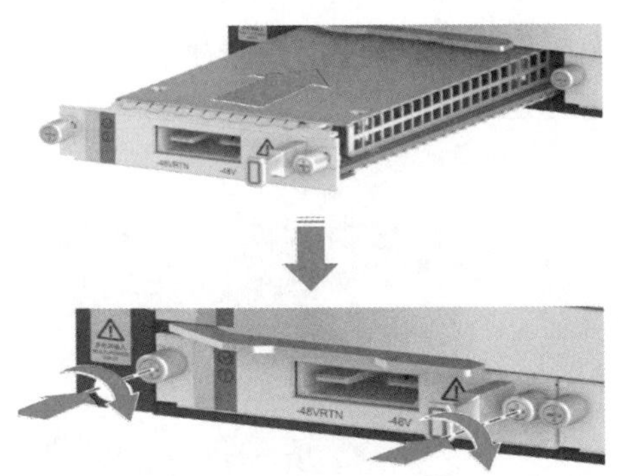

图 3-34　插入新电源模块

（5）重新安装电源模块的电源线缆，如图 3-35 所示。

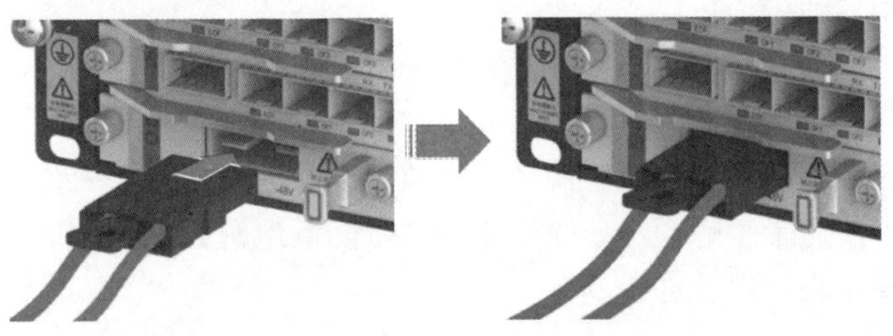

图 3-35　重新安装电源模块的电源线缆

（6）闭合新电源模块供电的电源开关进行上电，如图 3-36 所示。

图 3-36　闭合新电源模块供电的电源开关

（7）查看电源模块指示灯，检查新电源模块是否能够正常供电。若电源模块工作状态指示灯常亮并无告警，且 BBU 插箱上所有电源模块及风扇模块都正常工作，则更换成功；否则，需进行故障排查。检查新电源模块是否正常供电如图 3-37 所示。

（8）将更换下来的电源模块装入防静电袋中，并放入吸塑单板盒，粘贴标签，注明单板型号、槽位、版本，分类存放在纸箱中；纸箱外粘贴相应的标签，方便识别或故障定位处理。回收故障单板如图 3-38 所示。

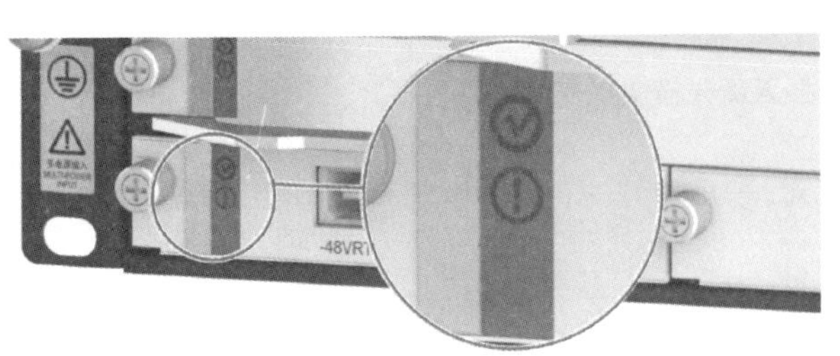

图 3-37　检查新电源模块是否正常供电

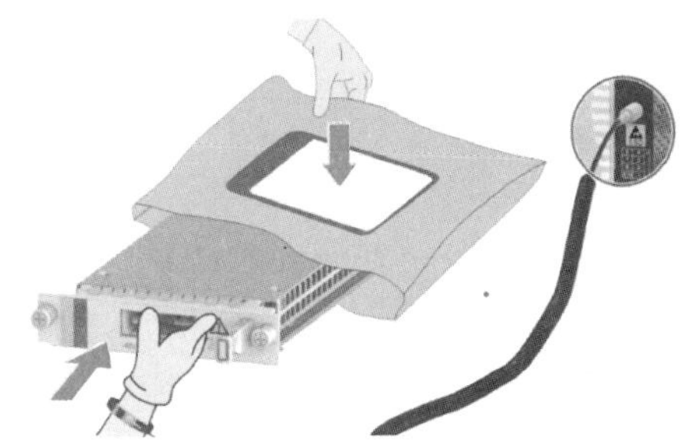

图 3-38　回收故障电源模块

3.3.8 更换 5G 基站光模块

更换 5G 基站光模块的注意事项如下。

（1）佩戴防静电手环或防静电手套。

（2）检查新光模块，确保新光模块和故障 / 更换光模块型号一致。

（3）更换工具主要有防静电盒 / 防静电袋、标签。

（4）更换光模块将导致该模块支持的业务中断。

（5）在更换光模块的过程中，如果需要拔插光纤，注意保护光纤接头，避免污染光纤接头。

更换步骤如下。

（1）拔掉光模块上的光纤（图 3-39），在光纤接头处盖上保护帽；若没有保护帽可以采用其他方式进行包裹，避免光纤接头污染和损坏。

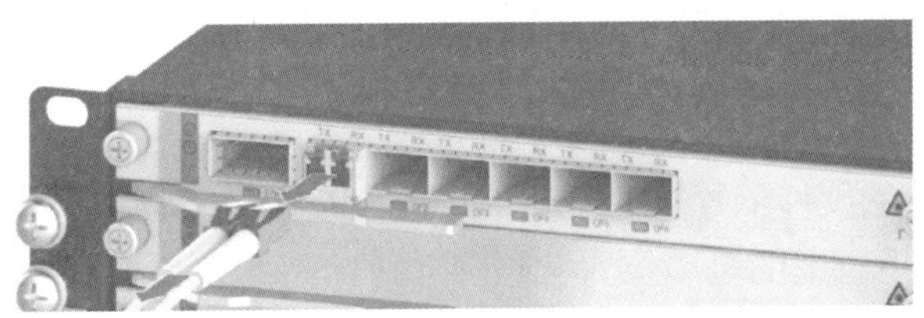

图 3-39　拔掉光模块上的光纤

（2）将光模块上的手柄向下拉解除锁定，向外用力拔出故障 / 更换光模块，如图 3-40 所示。

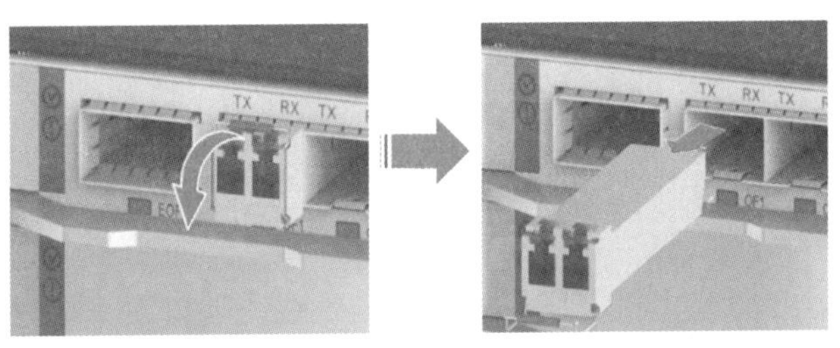

图 3-40　拔出故障光模块

（3）插入新光模块（图 3-41），并将光模块手柄向上扣合，锁定光模块。

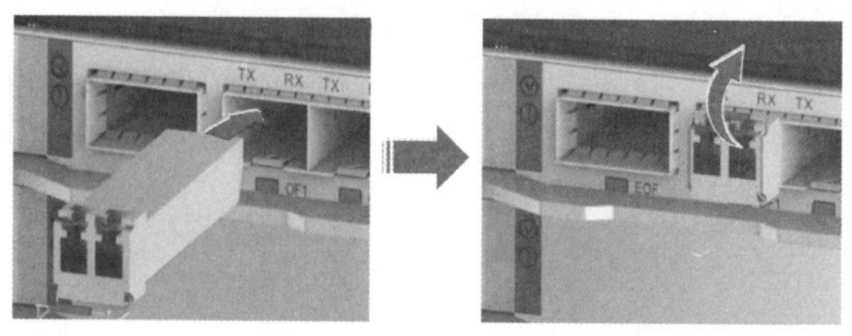

图 3-41　插入新光模块

（4）根据光纤的标签标识，重新连接与光模块相对应的光纤，插入光纤线缆如图 3-42 所示。

（5）将更换下来的光模块放入防静电袋中，并粘贴标签，标明型号及故障 / 更换信息，然后存放在纸箱中，纸箱外面也应粘贴相应的标签，方便识别或故障定位处理。回收故障光模块如图 3-43 所示。

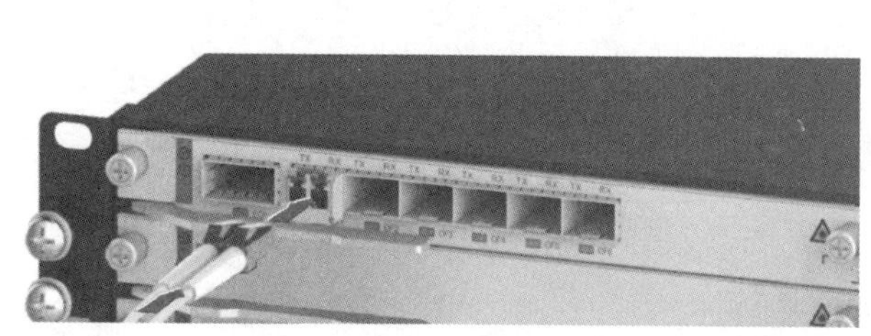

图 3-42　插入光纤线缆

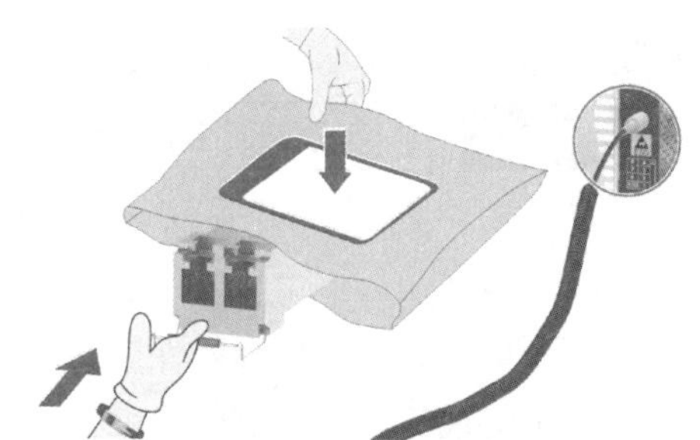

图 3-43　回收故障光模块

3.3.9 更换 5G AAU

AAU 是 5G 有源天线单元，与 BBU 一起构成完整的基站。更换 AAU 将导致该设备所承载的业务完全中断。

更换 5G AAU 的注意事项如下。

（1）确认更换 AAU 的硬件配置类型，准备好新的 AAU，其规格与待更换 AAU 的规格一致。

（2）记录好待更换设备上的电缆位置和连接顺序，待设备更换完毕后，电缆要插回原位。

（3）当环境温度超过 40℃时，禁止高温操作运行中的设备。如果需要进行维护操作，请先断电冷却，以免烫伤。

更换步骤如下。

（1）通知后台网管管理员将要进行 AAU 整机更换，请后台网管管理员执行该站点小区的闭塞或去激活操作，停止该扇区的业务服务。

（2）将需更换 AAU 设备下电。

（3）佩戴防静电手环，确保防静电手环可靠接地。若无防静电手环或防静电手环无合适的接地点，则可以佩戴防静电手套。

（4）从待更换的 AAU 设备上拆下所有相关线缆，线缆端口逐一做好标记并进行标签粘贴。

（5）拆卸更换 AAU 设备。在拆卸吊装过程中，超载或吊装设备使用不当可能会导致现场人员被掉落的设备砸伤，造成严重的人身伤害和安全事故。因此需要严格遵守安全操作的施工规范（也适用于安装吊装过程）。

更换步骤如下。

（1）从更换设备拆下线缆，线缆端口做好标记并进行标签粘贴。线缆拆卸方法可参见 3.3.10 节。

（2）记录水平安装角度、俯仰安装角度。

（3）使用螺丝刀沿逆时针方向拧松固定支座到固定架上的两颗螺钉，如图 3-44 所示。

（4）拧松竖直调节螺钉，将微站 AAU 从固定架上取下，如图 3-45 所示。

（5）拧松微站 AAU 支座上的 4 颗 M6 内六角螺钉，把支座从微站 AAU 上取下，如图 3-46 所示。

图 3-44　拧松固定支座到固定架上的螺钉

图 3-45　拆取微站 AAU

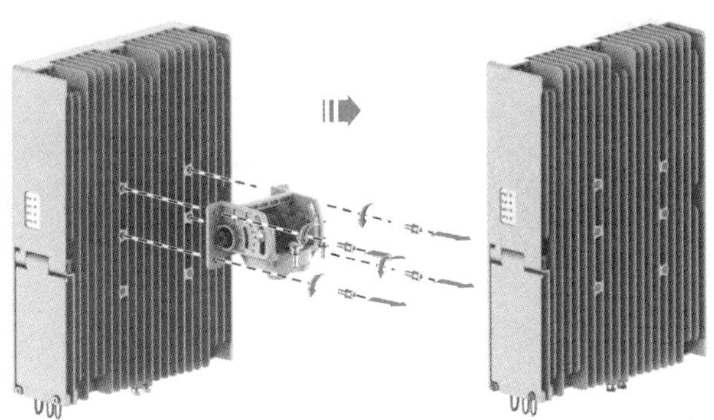

图 3-46　拆取微站 AAU 支座

（6）按照原安装位置安装新设备。

（7）具体整机安装步骤可参见 2.4.7 节。

（8）根据线缆标签所标记的信息，重新安装拆卸下来的线缆。

（9）具体线缆安装步骤可参见 2.4.7 节。

（10）设备重新上电。

（11）通知网管侧管理员执行该站点小区的解闭塞 / 激活操作。

（12）设备上电后观察指示灯状态（设备重新上电到设备正常工作主要是设备自检和软硬件启动的过程，通常需要等待一段时间）。

① 如果设备指示灯显示正常且后台网管显示小区状态正常，那么表示自检成功和整机更

换成功。

② 如果指示灯显示不正常或后台网管显示小区状态异常，那么表示业务未恢复，需要定位故障原因。设备指示灯显示状态说明可参见 3.2.2 节。

（13）处理故障设备。

① 将更换下来的设备放入防潮防静电袋中，并粘贴标签，标明设备型号及更换/故障信息。

② 将更换下来的设备存放在纸箱中，纸箱外面粘贴同样信息的标签，以便维修时辨认处理。

③ 与设备商联系，处理故障设备。

3.3.10 更换线缆

1. 更换 5G BBU 电源线

更换 5G BBU 电源线的注意事项如下。

（1）佩戴防静电手环或防静电手套。

（2）检查新线缆，确保新的电源线缆和受损线缆型号一致且长度相同。

（3）更换工具主要有内六角扳手、十字螺丝刀、防静电盒 / 防静电袋、标签。

（4）更换电源线缆将导致 BBU 机柜断电，所有业务中断。

（5）禁止带电安装、拆除电源线。电源线芯在接触导体的瞬间，会产生电弧或电火花，造成安全事故或人身伤害。

更换步骤如下。

（1）断开直流电源分配模块上为 BBU 供电的电源开关，如图 3-47 所示。

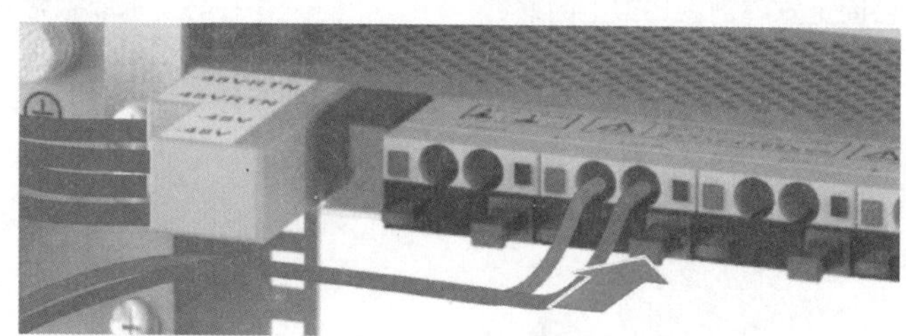

图 3-47　断开为 BBU 供电的电源开关

（2）拆除需要更换下来的电源线缆，如图 3-48 所示。

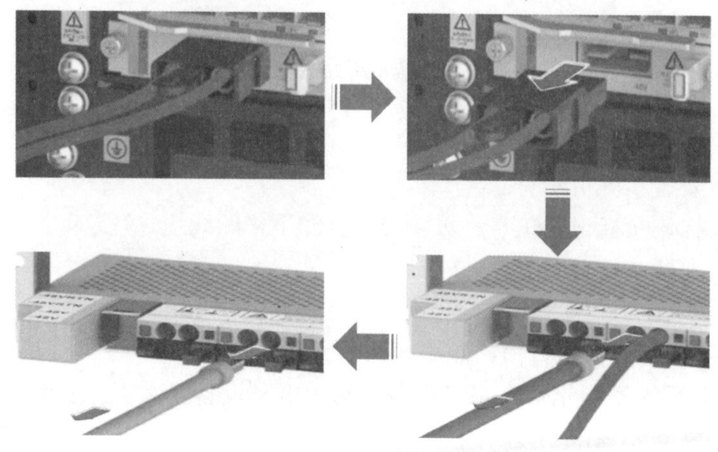

图 3-48　拆除受损电源线缆

（3）按照原电源线缆布放路由、布放新电源线缆，若有特殊情况，则需向相关负责人确认后方可施工。

（4）安装新的电源线缆，如图 3-49 所示。

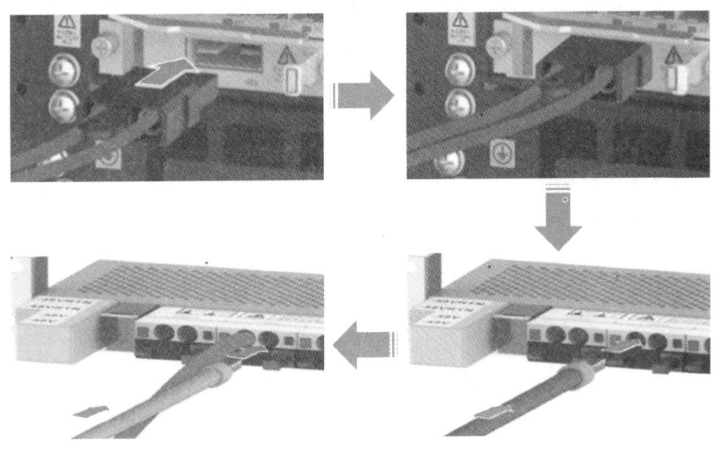

图 3-49　安装新的电源线缆

（5）闭合直流电源分配模块为 BBU 供电的电源开关，并确认 BBU 供电正常，如图 3-50 所示。

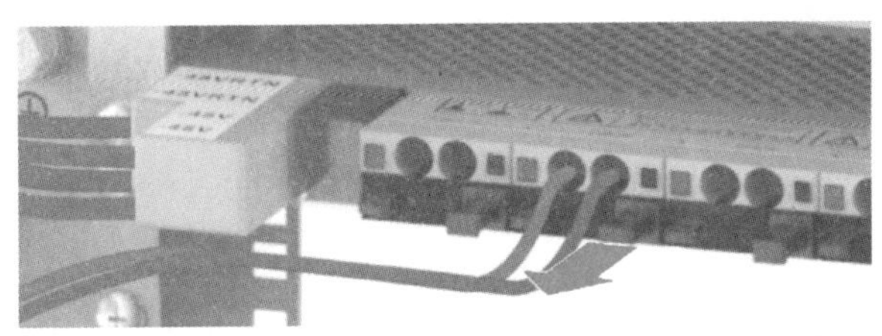

图 3-50　闭合为 BBU 供电的电源开关

（6）重新粘贴电源线标签并绑扎线缆，如图 3-51 所示。

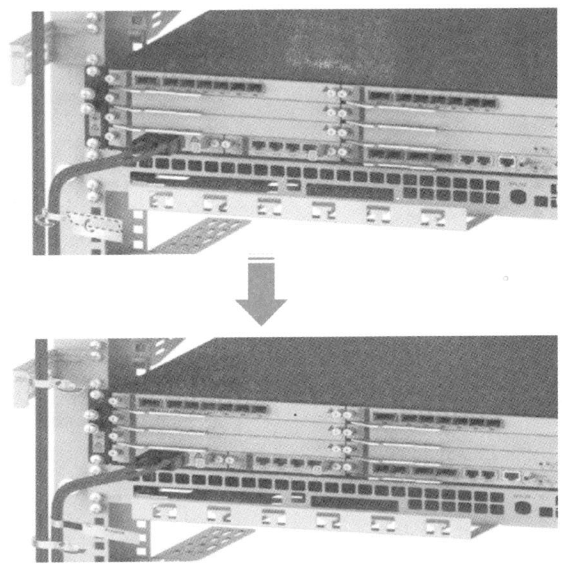

图 3-51　粘贴标签并绑扎线缆

（7）将更换下来的电源线缆放入防静电袋中，并粘贴标签，标明型号及更换 / 故障信息，然后存放在纸箱中，纸箱外面也应粘贴相应的标签，方便识别或故障定位处理。回收受损电源线如图 3-52 所示。

图 3-52　回收受损电源线

2．更换 5G 机柜接地线

更换 5G 机柜接地线的注意事项如下。

（1）佩戴防静电手环或防静电手套。

（2）检查新线缆，确保新的接地线缆和受损线缆型号一致且长度相同。

（3）更换工具主要有十字螺丝刀、防静电袋、标签。

更换步骤如下。

（1）拆除需要更换的接地线缆，包括机柜侧和接地排侧连接端子。拆除受损接地线缆如图 3-53 所示。

（2）按照原接地线缆布放路由、布放新接地线缆，如图 3-54 所示。若有特殊情况，则需向相关负责人确认后方可施工。

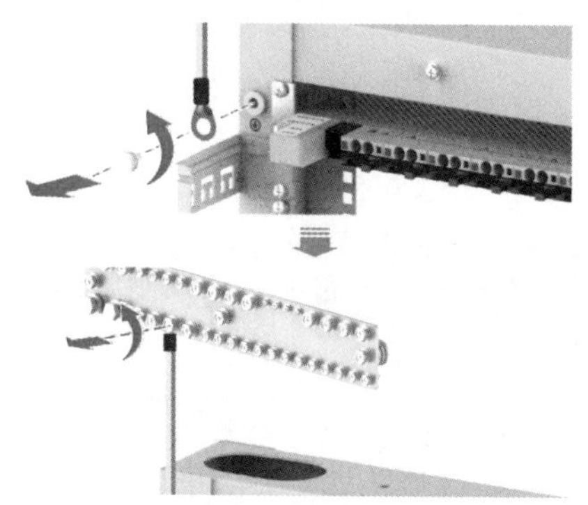

图 3-53　拆除受损接地线缆

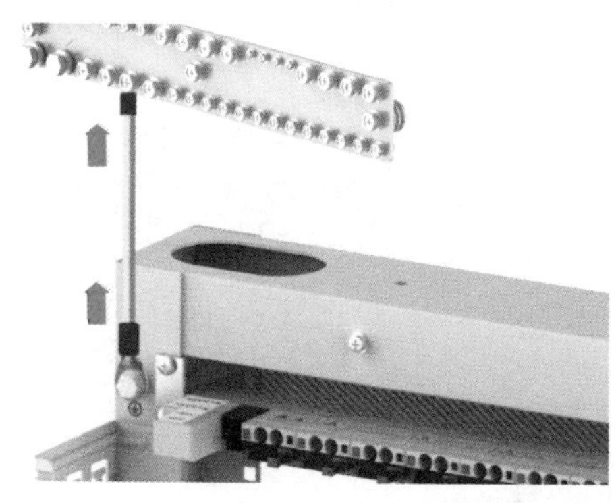

图 3-54　布放新的接地线

（3）连接新接地线缆，如图 3-55 所示。

（4）重新粘贴接地线标签并绑扎线缆，如图 3-56 所示 。

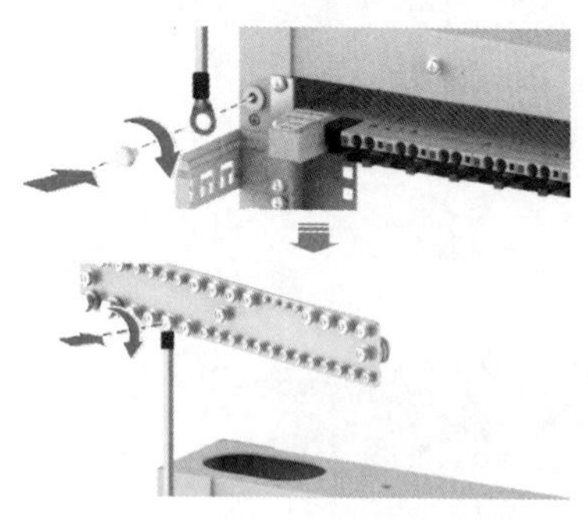

图 3-55　连接新接地线缆

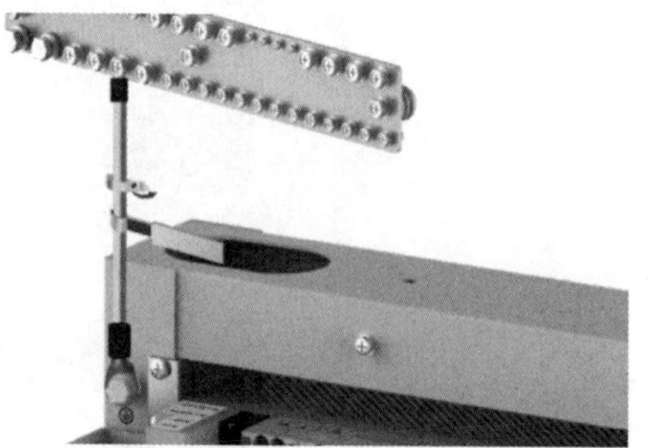

图 3-56　粘贴标签并绑扎线缆

（5）更换完成后需要做如下检查。

① 检查接地线连接位置是否正确。

② 检查接地线接头是否紧固。

（6）将更换下来的接地线缆放入防静电袋中，并粘贴标签，标明型号及更换 / 故障信息。然后存放在纸箱中，纸箱外面也应粘贴相应的标签，方便识别或故障定位处理。回收受损接地线缆如图 3–57 所示。

图 3–57　回收受损接地线缆

3．更换 5G BBU 光纤

更换 5G BBU 光纤的注意事项如下。

（1）佩戴防静电手环或防静电手套。

（2）检查新光纤，确保新光纤和受损光纤是同一种类型，且长度一致。

（3）更换工具主要有防静电盒 / 防静电袋、标签。

（4）在操作过程中，不要损坏光纤的保护层。

（5）保护光纤接头，避免弄脏或损坏。

（6）在拆除受损光纤和绑扎新光纤时，不可用力强拉。

（7）新光纤转折处必须弯成弧形。

（8）更换光纤会造成该光纤所承载的业务全部中断。

（9）在更换光纤的过程中，切勿裸眼靠近或直视光纤连接器端面，以免损伤视力。

更换步骤如下。

（1）拆除需要更换的光纤，拔出 5G 设备侧和传输侧的光纤，如图 3–58 所示。

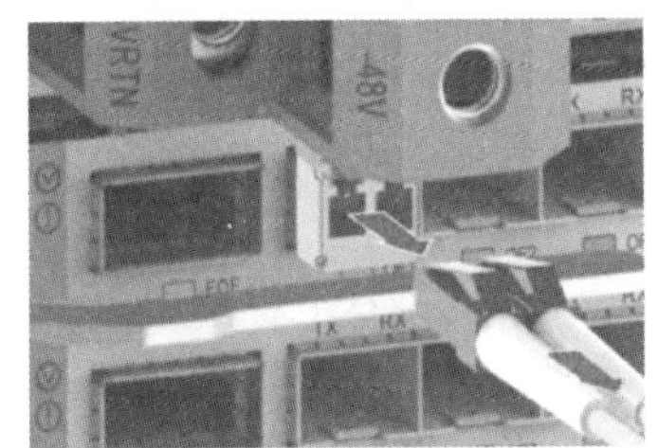

图 3–58　拆除受损的光纤

（2）布放新光纤（图 3–59）。新光纤的布放位置、走线方式应与所更换的光纤一致。

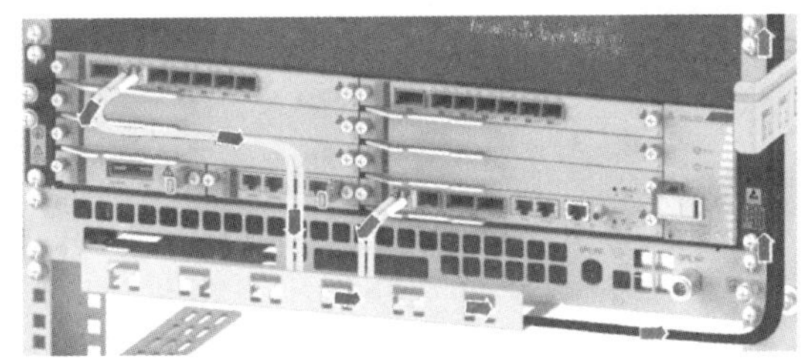

图 3–59　布放新光纤

（3）连接新光纤（图 3–60）。将新光纤连接器沿轴线对准光模块卡口，轻推插入直至听到“咔”的声音，说明连接器已经安插到位。

（4）重新粘贴光纤标签并绑扎线缆，如图 3–61 所示。

（5）更换完成后需要做如下检查。

① 检查光纤连接位置是否正确。

② 检查光纤连接器是否卡紧。

③ 检查与该路光纤传输相关的告警是否消失。

④ 将更换下来的光纤放入防静电袋中，并粘贴标签，标明型号及故障信息。然后存放在纸箱中，纸箱外面也应粘贴相应的标签，以便日后辨认处理。回收受损光纤如图 3-62 所示。

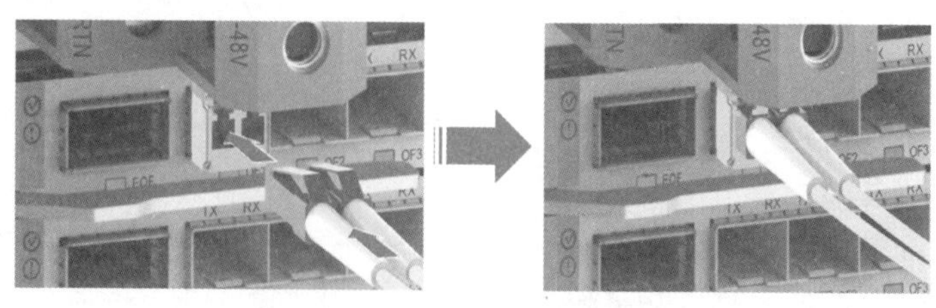

图 3-60　连接新光纤

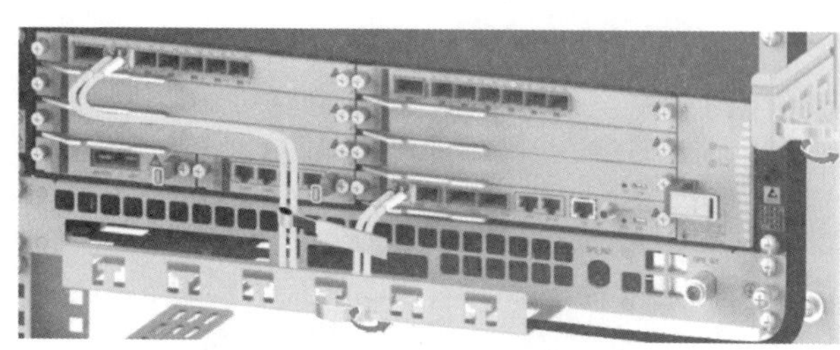

图 3-61　粘贴标签并绑扎线缆

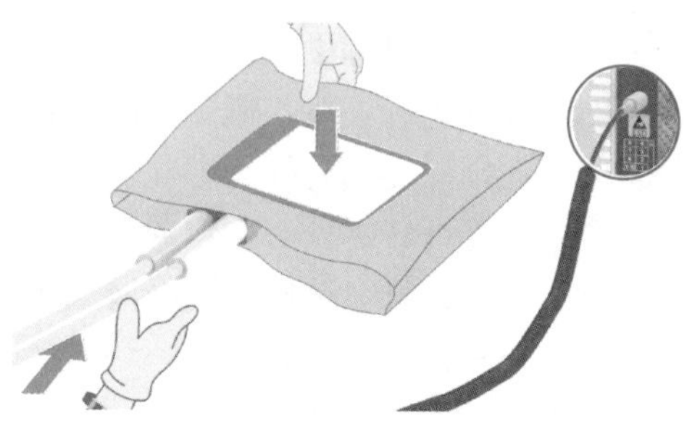

图 3-62　回收受损光纤

4. 更换 5G 基站 GPS 线缆

更换 5G 基站 GPS 线缆的注意事项如下。

（1）佩戴防静电手环或防静电手套。

（2）检查新线缆，确保新的 GPS 线缆和受损线缆型号一致，且长度相同。

（3）更换工具主要有十字螺丝刀、防静电袋、标签。

更换步骤如下。

（1）拆除交换单板上 GNSS 接口侧跳线，拧下 GPS 跳线接头，如图 3-63 所示。

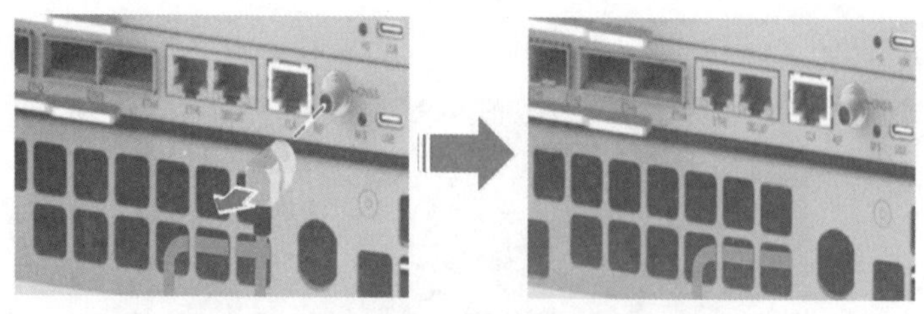

图 3-63　拆除 GNSS 接口侧跳线

（2）拆除 GPS 防雷器侧 GPS 馈线，拧下 GPS 馈线接头，如图 3-64 所示。

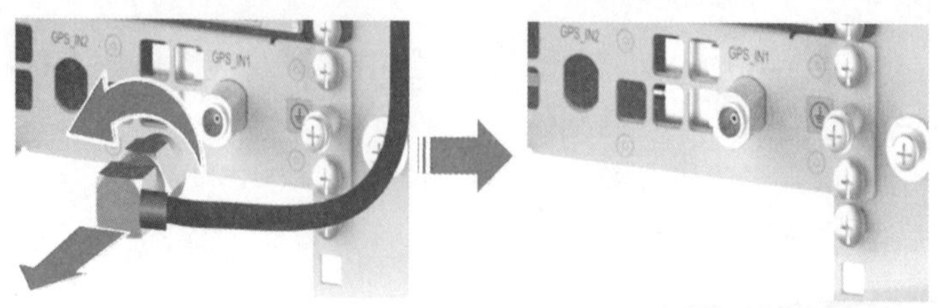

图 3-64　拆除 GPS 防雷器侧 GPS 馈线

（3）使用十字螺丝刀逆时针旋转螺钉，拆除导风插箱，如图 3-65 所示。

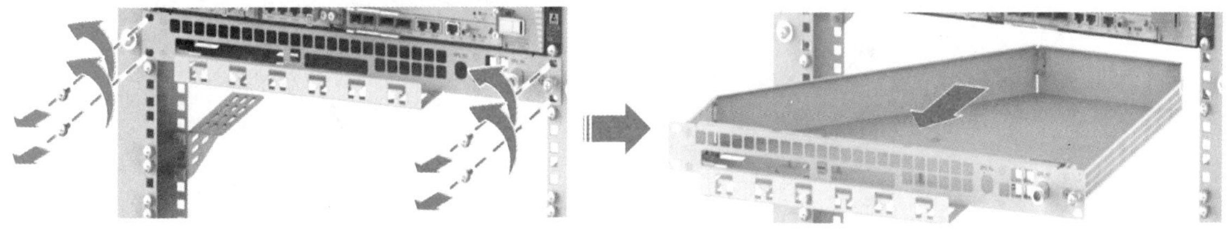

图 3-65　拆除导风插箱

（4）逆时针旋转 GPS 防雷器 CH1 侧接头，拆除 GPS 防雷器 CH1 接口侧跳线，如图 3-66 所示。

（5）顺时针旋转新 GPS 跳线与防雷器 CH1 侧接头，安装 GPS 防雷器 CH1 接口侧新跳线，如图 3-67 所示。

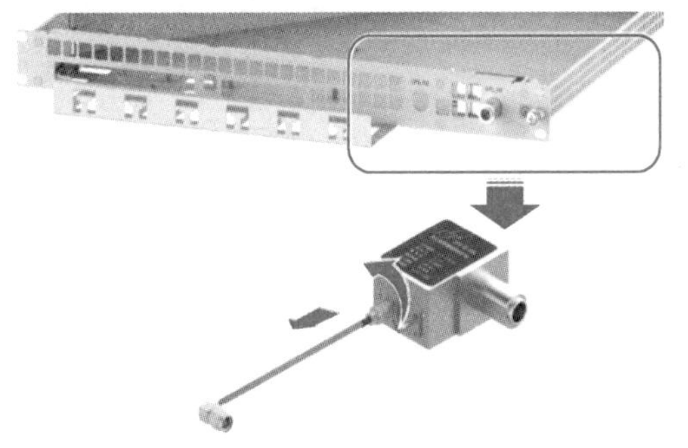

图 3-66　拆除 GPS 防雷器 CH1 侧跳线

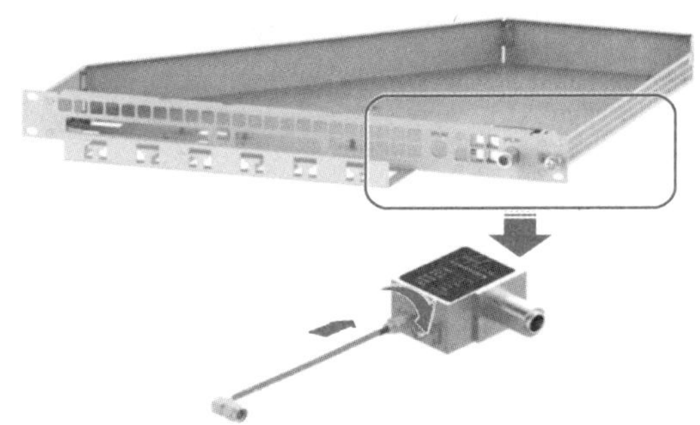

图 3-67　安装 GPS 防雷器 CH1 接口侧跳线

（6）导风插箱按原位置进行还原，使用 M6 螺钉将导风插箱紧固在机柜 / 安装单元上，如图 3-68 所示。

（7）布放新 GPS 跳线（图 3-69）。新 GPS 跳线的布放位置、走线方式应与所更换的 GPS 跳线一致。

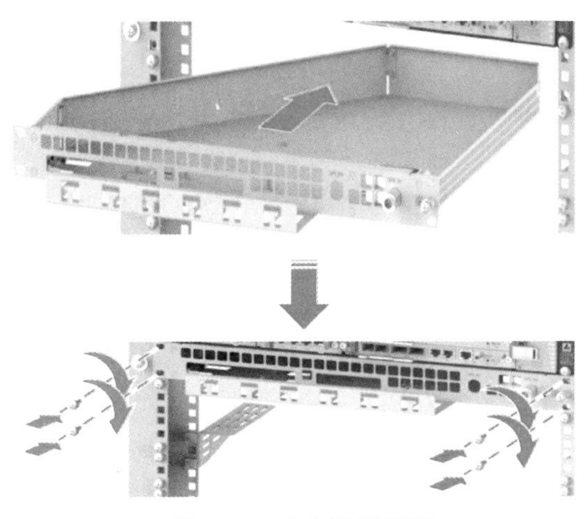

图 3-68　安装导风插箱

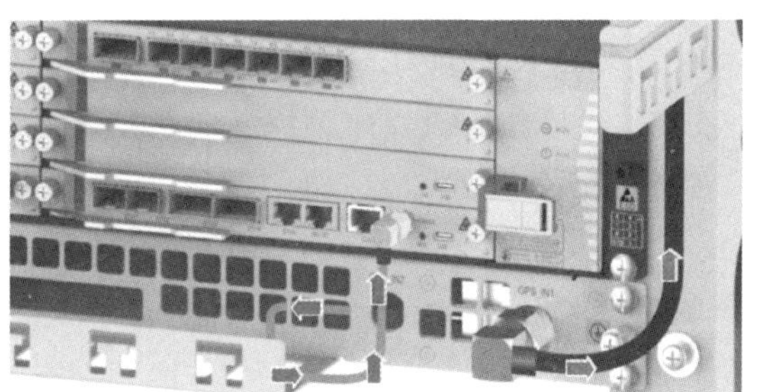

图 3-69　布放新 GPS 跳线

（8）安装交换单板 GNSS 接口侧新 GPS 跳线，顺时针旋转拧紧 GPS 跳线接头，如图 3-70 所示。

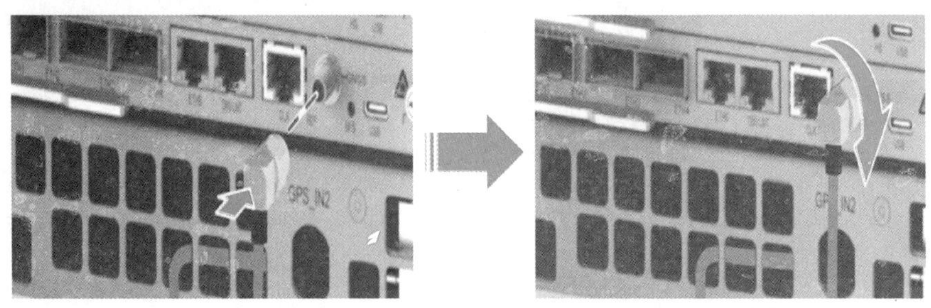

图 3-70　安装 GNSS 接口侧新 GPS 跳线

（9）安装 GPS 馈线到 GPS 避雷器上，顺时针拧紧 GPS 馈线接头，如图 3-71 所示。

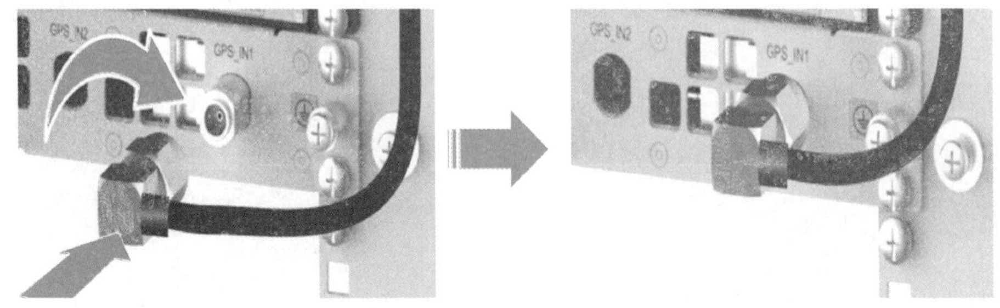

图 3-71　安装 GPS 馈线

（10）重新粘贴光纤标签并绑扎线缆，如图 3-72 所示。

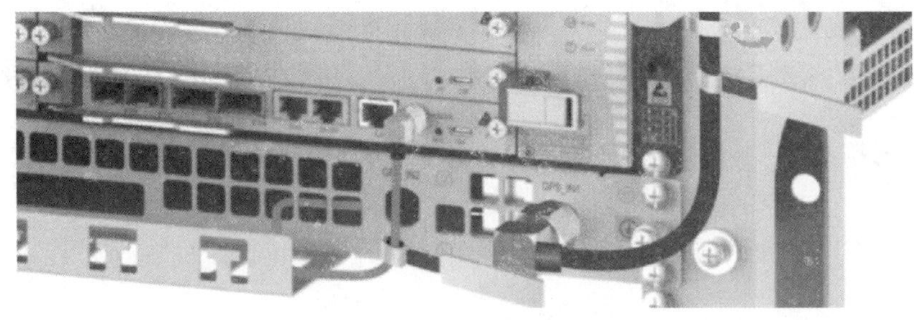

图 3-72　粘贴标签并绑扎线缆

（11）将替换下来的 GPS 跳线放入防静电袋中，并粘贴标签，标明型号及故障信息。然后存放在纸箱中，纸箱外面也应粘贴相应的标签，以便日后辨认处理。回收废弃 GPS 跳线如图 3-73 所示。

图 3-73　回收废弃 GPS 跳线

5．更换 5G AAU 电源线

更换 5G AAU 电源线的注意事项如下。

（1）更换工具主要有内六角扳手、十字螺丝刀、防静电盒 / 防静电袋、标签。

（2）新电源线缆已经就绪，并确保新的电源线缆和受损的电源线缆型号一致，且长度相同。

（3）更换电源线缆将导致 AAU 断电，所有业务中断。

（4）禁止带电安装、拆除电源线。电源线芯在接触导体的瞬间，会产生电弧或电火花，造成安全事故或人身伤害。

更换步骤如下。

（1）将外部供电电源开关置于关闭状态。

（2）记录好待更换电源线缆两端的接线情况，拆除旧电源线缆或故障电源线缆。

① 打开维护窗，打开电源线缆压线夹。

② 拔出 AAU 电源线缆插头，拆除需要更换的电源线，如图 3–74 所示。

③ 使用螺丝刀按压直流电源插头的顶杆，从压线筒内部拔出电源线缆的管状端子，重新制作新的 AAU 电源线插头，如图 3–75 所示。

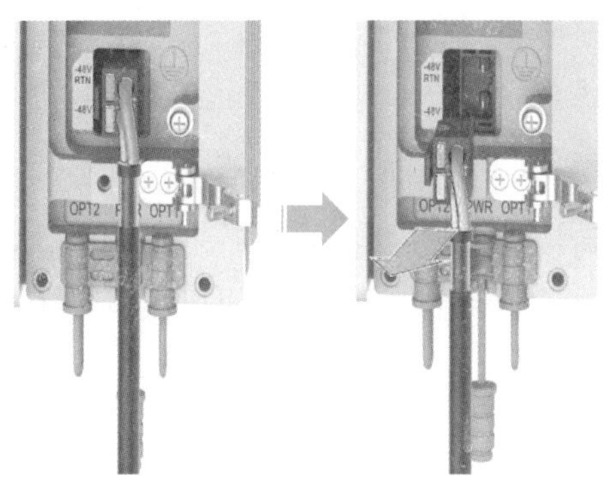

图 3–74　拆除需要更换的电源线

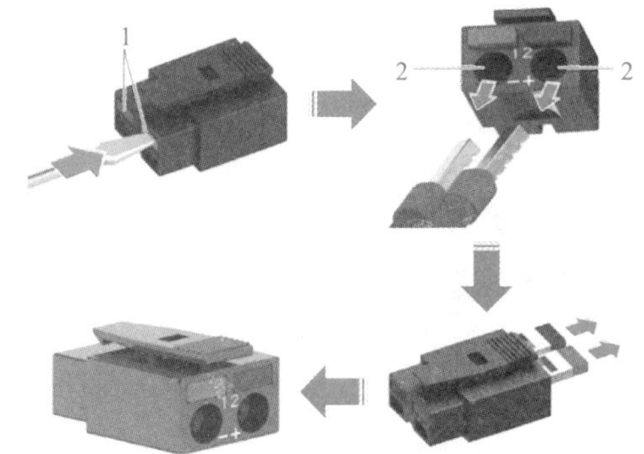

图 3–75　制作新的 AAU 电源线插头

（3）按照记录好的旧电源线缆或故障电源线缆原位置，将新电源线缆两端连好。电源线缆更换完成后，关闭维护窗。

（4）检查确认更换的电源线缆安装正确，并用万用表测量 –48V、GND 电源线是否短路。

（5）打开外部供电柜上相应的输出电源控制开关前，需逐项检查以下内容。

① 电源线缆连接是否正确。

② 电源线缆接头是否插紧。

③ 与电源线缆相关的告警是否消失。

（6）处理更换下来的旧电源线缆或故障电源线缆。

① 将更换下来的旧电源线缆或故障电源线缆放入防潮防静电袋中，并粘贴标签，标明线缆型号、更换 / 故障信息。

② 将更换下来的旧电源线缆或故障电源线缆存放在纸箱中，纸箱外面粘贴同样信息的标签，以便维修时辨认处理。

③ 与设备商联系，处理受损线缆。

6．更换 5G AAU 保护接地线

更换 5G AAU 保护接地线的注意事项如下。

（1）检查新线缆，确保新保护接地线缆与旧保护接地线缆、受损保护接地线缆型号一致，且长度相同。

（2）更换工具主要有十字螺丝刀、防静电盒 / 防静电袋、标签。

更换步骤如下。

（1）将外部供电电源开关置于关闭状态。

（2）记录好保护接地线缆两端的接线情况，拆除旧保护接地线缆或受损保护接地线缆，如图 3–76 所示。

（3）拆除保护接地线缆接地排端接地端子。

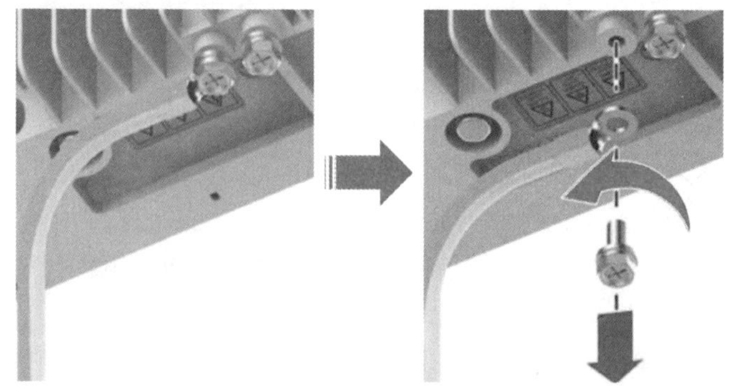

图 3-76　拆除保护接地线缆

（4）布放新的保护接地线缆。

（5）在保护接地线缆一端压接 OT 端子，将线缆固定到微站 AAU 的接地点上。

（6）在新的保护接地线缆上粘贴工程标签，新保护接地线缆的标签内容应与旧的标签内容一致。

（7）绑扎固定新的保护接地线缆和标签。

（8）检查保护接地线缆位置是否正确，以及保护接地线缆接头是否紧固。

（9）处理更换下来的旧保护接地线缆或受损保护接地线缆。

① 将更换下来的旧保护接地线缆或受损线缆放入防潮防静电袋中，并粘贴标签，标明线缆型号和故障信息。

② 将更换下来的旧保护接地线缆或受损线缆存放在纸箱中，纸箱外面粘贴同样信息的标签，以便维修时辨认处理。

③ 与设备商联系，处理受损线缆。

7. 更换 5G AAU 光纤

更换 5G AAU 光纤的注意事项如下。

（1）更换工具主要有内六角扳手、十字螺丝刀、防静电盒 / 防静电袋、标签。

（2）确定待更换光纤的数量、长度、类型。

（3）新光纤已经就绪，并确保新光纤和受损光纤是同一种类型。

（4）在操作过程中，不要损坏光纤的保护层。

（5）保护光纤接头，避免弄脏和损坏。

（6）在拆除受损光纤和绑扎新光纤时，不可用力强拉。

（7）新光纤转折处必须弯成弧形。

（8）更换光纤会造成该光纤所承载的业务全部中断。

（9）在更换光纤过程中切勿裸眼靠近或直视光纤连接器端面，以免损伤视力。

更换步骤如下。

（1）为保证施工安全，更换前需将外部供电电源开关置于关闭状态。

（2）记录好待更换光纤接口或故障光纤接口线缆两端的接线位置，并做好标记。

（3）拆卸需要更换的光纤，如图 3-77 所示。

① 打开维护窗。

② 松开压线夹。

③ 拆卸维护窗口端光缆。

（4）拆除 BBU 基带板侧一端光纤。

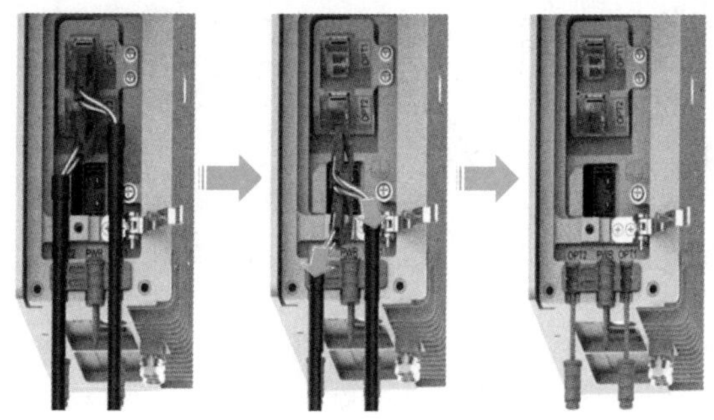

图 3-77　拆卸需要更换的光纤

（5）安装新的光纤。

（6）在新光纤上粘贴光纤工程标签。新光纤的标签内容应与更换下来的受损 / 旧光纤的标签内容一致。

（7）绑扎新光纤。

（8）更换完光纤后，逐项检查以下内容。

① 光纤连接是否正确。

② 光纤连接器是否连接牢固。

③ 与该传输线路相关的告警是否消除。

（9）处理受损光纤。

① 将更换下来的受损 / 旧光纤放入防潮防静电袋中，并粘贴标签，标明线缆型号和更新原因信息，存放在纸箱中，纸箱外面粘贴同样信息的标签，以便维修时辨认处理。

② 与设备商联系，处理受损线缆。

课后复习及难点介绍

课后习题

1. 简述哪些场景需要进行部件更换。
2. 简述更换 5G AAU 电源线的注意事项。

项目 4 5G 基站设备验收

项目概述

5G 基站设备的正确安装直接决定着网络整体性能的好坏，而 5G 基站设备的测试和验收是网络施工质量的保证。

通过本项目的学习和操作，学员将掌握 5G 基站设备的测试、验收需要的专业知识和操作技能；了解在工作场景下系统测试和验收的工作流程和经验，并体验小组成员间分工协作给项目施工带来的重要影响和意义。

项目目标

- 能够完成设备验收准备。
- 能够完成竣工验收实施。
- 能够完成验收资料编制。

知识地图

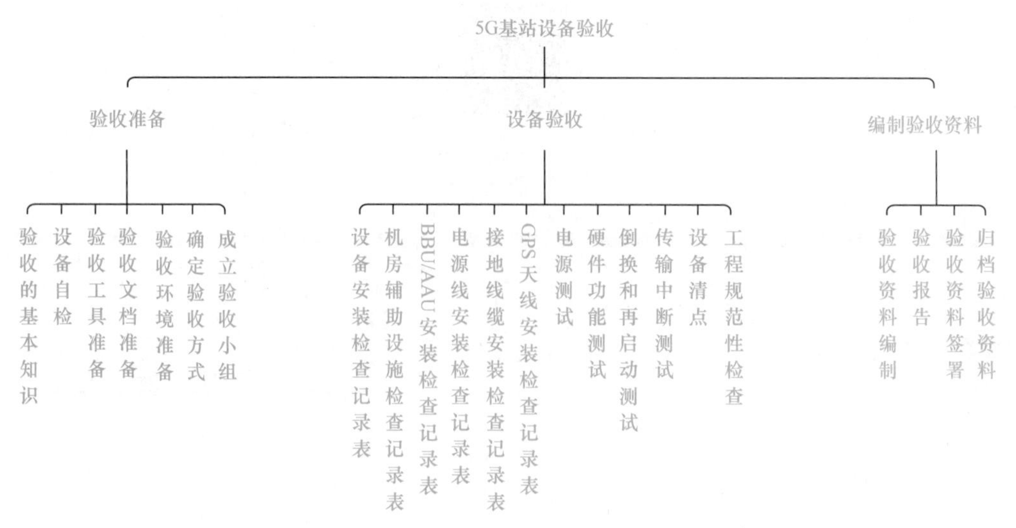

任务 1　验收准备

课前引导

建设单位完成了硬件测试之后设备就可以交付了，那么接收单位在接收设备之前需要做什么？前期准备工作有哪些？

问题 1：验收工具包含哪些？

答：十字螺丝刀（4″、6″、8″各一个）、一字螺丝刀（4″、6″、8″各一个）、活动扳手（6″、8″、10″、12″各一个）、套筒扳手一套、防静电手环、老虎钳一把（8″）、绳子、梯子、万用表。

问题 2：验收文档包括哪些？

答：主、配套设备安装检查记录、机房辅助设施检查记录、BBU/AAU 安装检查记录、电源线安装检查记录、接地线缆安装检查记录、天馈系统及线缆布放检查记录、GPS 天线安装检查记录、电源测试记录、硬件功能测试记录、倒换和再启动测试记录、传输中断测试记录。

5G 基站设备验收前，需要完成相关自检，确保验收顺利实施。此外，还要准备相应的工具、文档，掌握验收的环境要求，确定验收的方式，成立验收小组。通过本任务的学习，使学员具备 5G 基站验收准备的工作技能。

任务目标

- 能够描述 5G 基站设备验收的流程。
- 能够按标准完成 5G 基站设备自检。
- 能够完成验收工具的准备。
- 能够完成验收文档的准备。

知识准备

4.1.1 验收的基本知识

本节验收聚焦为基站设备安装及基站硬件功能，机房、铁塔等施工工程类验收不属于本任务的范畴。

任务实施

4.1.2 设备自检

在验收前，参考项目 3 中的任务 1、任务 2 的内容，完成 5G 基站设备上线点测试和基站硬件测试，确保硬件功能正常。

4.1.3 验收工具准备

验收工具有十字螺丝刀（4″、6″、8″各一个）、一字螺丝刀（4″、6″、8″各一个）、活动扳手（6″、8″、10″、12″ 各一个）、套筒扳手一套、防静电手环、老虎钳一把（8″）、绳子、梯子。

仪器仪表：万用表一个。

此外，根据现场的实际情况，准备其他可能使用的工具和仪器仪表。

4.1.4 验收文档准备

准备并打印验收文档，可能会用到的验收文档包括以下几类。

（1）主、配套设备安装检查记录。

（2）机房辅助设施检查记录。

（3）BBU、AAU 安装检查记录。

（4）电源线安装检查记录。

（5）接地线缆安装检查记录。

（6）天馈系统及线缆布放检查记录。

（7）GPS 天线安装检查记录。

（8）电源测试记录。

（9）硬件功能测试记录。

（10）倒换和再启动测试记录。

（11）传输中断测试记录。

需要注意的是，各验收文档内容需要各方确认一致，没有分歧。

4.1.5 验收环境准备

1．沟通业主

（1）了解情况，包括上站是否需要钥匙。

（2）节假日是否方便上站。

（3）了解电源情况，包括位置、电表读数。

2．基站外部环境检查

（1）站房附近无垃圾、积水，站房围墙内无垃圾、工程遗留物等。

（2）独立建站，需有围墙，围墙门完好、围墙无缺口，能正常关锁、隔离。

（3）围墙外排水设施齐全，四周排水孔畅通，地基稳固无沉降，围墙无裂痕。

（4）散水坡完好，无断裂和塌陷现象。

3．基站安全管理

（1）要求配置两个不小于 1 kg 符合消防规定的灭火器，灭火器均在有效使用时间之内。灭火器置于室内靠近门口，位置明显、易于取放的地方。

（2）机房内不能有易燃、易爆及纸箱等。

（3）基站墙壁、顶棚和地板无渗水、浸水等现象，站内无水管穿越（若不可避免，应增设防护措施），不使用洒水式消防器材。

（4）所有进出机房的线路在走线孔外必须制作滴水弯。

（5）进出基站的进线孔洞应该使用防火泥进行封堵。

（6）烟感、门禁、水浸、动力报警设备必须齐备、可靠。

（7）室外机组和电表等易盗物品应加装防盗保护装置。

（8）基站大门应使用铁质或钢制防盗门，门锁能正常开启。

4．基站环境与布置

（1）机房温度为 10℃～32℃，机房湿度为 15%～80%。

（2）地板、墙壁、桌面、机架、设备、设备风扇、线缆上无明显的污迹及尘土堆积。

（3）机房应密闭。

（4）墙面应平整、光洁、无明显裂缝（不渗水）、不掉灰，地面不起灰。

（5）机房内地板不得翘曲、塌陷。

（6）机房内设备摆放不得凌乱。

5．基站标识标签

（1）设备、线缆标签统一。

（2）标识标签内容与实际相符。

（3）DDF/ODF 标记齐全、准确。

（4）各线路板对应光方向标识明确。

4.1.6 确定验收方式

确定验收方式及验收实践、人员、车辆的组织安排，正式下发工程初步验收通知。

在进行验收时，验收小组成员应严格检查各单项工作的施工工艺质量、设备性能的指标测试，审查验收资料是否与现场实际相符、验收完毕后签字确认是否及时准确等。

4.1.7 成立验收小组

邀请设备商、运营商、施工单位、设计单位等所有相关单位组成验收小组，在验收前召开验收准备会议，检查验收准备工作。

课后复习及难点介绍

5G 基站验收准备

验收准备难点

课后习题

1. 机房温度和湿度分别在什么范围？
2. 基站外部环境检查包含哪几个方面？
3. 基站外部环境检查需要注意哪些方面？

任务 2　设备验收

课前引导

准备好验收工具后，就可以开始验收，那么进行验收需要做哪些工作呢？这些工作和前期的测试有什么关系？

问题 1：验收工作记录表包括哪几方面？

答：检查内容、检查结果、检查人、处理意见、各单位签章。

问题 2：验收工作主要的记录表有哪些？

答：设备安装检查记录表、机房辅助设施检查记录表、BBU/AAU 安装检查记录表、电源线安装检查记录表、接地线缆安装检查记录表、GPS 天线安装检查记录表、天馈系统及线缆布放检查记录表等。

任务描述

完成验收准备工作后，可根据验收文档的规定，逐项测试完成电源、硬件功能、倒换和再启动、传输中断、设备验收、工程规范性检查等工作，并记录结果。注意完成验收后，各责任方要及时在相关文档签字确认。如果发现验收问题，需要明确记录验收不满足项，以便整改后重新进行验收。

任务目标

- 能够描述验收步骤。
- 能够完成 5G 基站各项验收测试。
- 能够记录验收结果。

验收表格示例如表 4-1 ～表 4-6 所示。

4.2.1 设备安装检查记录表

设备安装检查记录表如表 4-1 所示。

表 4-1　设备安装检查记录表

序号	检查内容	检查结果		检查人
		合格	不合格	
1	动环监控系统安装牢固、接线正确、布线整齐美观。防盗、烟雾、积水、温控探头或传感器均安装在有效位置，功能正常			
2	空调：安装位置正确，安装牢固，排水管安装符合要求，线管出墙口密封良好			
3	蓄电池：电池支架布放符合承载力分散的原则，支架用地脚螺丝紧固，防滑、防震。端子连接紧固、密贴，接地可靠。不同厂家、不同容量、不同型号、不同时期的蓄电池组严禁并联使用			
4	地排安装符合设计要求，牢固、可靠，接地母线连接良好。室外地排与包括走线架在内的其他金属体和墙体绝缘，馈线的室内接地及光缆的金属加强芯必须接到室外接地铜排上。馈线窗安装牢固，方向正确，封堵严密			
5	开关电源、综合机架：安装位置正确，固定牢固，机架安装应垂直，允许垂直偏差小于 2 mm，前面板与同一列机架的面板成一直线。地脚螺丝安装牢固，符合防震要求。交、直流电源线标识正确、明显，机架引接导线规格型号符合要求，布放美观合理，接头连接牢固紧密。机架接地良好，机架内部工作地线、防雷地线引接正确			
6	主设备机架：安装位置正确、固定牢固，符合防震要求。机架垂直偏差小于 2 mm，设备前面板应与同列设备面板成一直线，相邻机架的缝隙应小于 3 mm。机架可靠接地，直流电源线接入正确，各导线电缆接头和连接件紧固可靠，正确无误、标识明显			
处理意见：				
施工单位： 签章： 日期：	监理单位： 签章： 日期：	建设单位： 签章： 日期：		

4.2.2 机房辅助设施检查记录表

机房辅助设施检查记录表如表 4-2 所示。

表 4-2　机房辅助设施检查记录表

序号	检查内容	检查结果		检查人
		合格	不合格	
1	交流引入：电力线应采用铠装电缆或绝缘保护套电缆穿钢管埋地引入基站，金属护套或钢管两端应就近可靠接地，机房孔洞需做好防火封堵			
2	交流配电箱：安装位置正确、安装牢固，开关规格、位置与接线图相符。接线线径、颜色符合要求，绑扎牢固、排列整齐，接线紧固，开关和进出线均有标识。金属外壳、避雷器的接地端均应做保护接地，严禁做接零保护			
3	照明、插座、开关：位置正确、安装牢固，插座有电、接线正确（左零右火）、功能正常			
4	室内走线架安装位置高度符合施工图；整条走线架应平直，无明显起伏或歪斜现象，与墙壁保持平行。走线架的侧旁支撑、终端加固角钢的安装应牢固、平直、端正。节间用 10 mm^2 黄绿色导线连接，并就近用 35 mm^2 黄绿色导线与室内保护接地排连通			
5	室外走线架安装位置正确、安装牢固。支撑平稳，横铁间隔均匀，横平竖直、漆色一致。接地符合设计要求，焊点做防腐蚀、防锈处理			
处理意见：				
施工单位： 签章： 日期：	监理单位： 签章： 日期：	建设单位： 签章： 日期：		

4.2.3 BBU/AAU 安装检查记录表

BBU/AAU 安装检查记录表如表 4-3 所示。

表 4-3　BBU/AAU 安装检查记录表

序号	检查内容	检查结果		检查人
		合格	不合格	
1	设备安装位置应符合工程设计文件的要求，设备安装时必须预留一定的安装空间、维护空间和扩容空间，严禁安装在馈线窗或挂式空调正下方。尽量不要将设备安装在蓄电池上方，以方便维护，但要注意安全施工			
2	BBU 与 AAU 设备之间的野战光缆或尾纤在与 BBU 连接时，必须按各设备厂商的要求与扇区的关系对应正确			
	BBU 机柜前面必须预留空间不小于 700 mm，以便维护。建议 BBU 底部距地 1.2m 或与室内其他设备底部距地保持一致，上端不超过 1.8m，以便维护			
3	设备进行墙面固定时，须遵守如下顺序：绝缘垫片、机架、白色绝缘垫套、平垫、弹垫、螺母。设备安装完毕，所有配件必须紧密固定，无松动现象			

续表

序号	检查内容	检查结果		检查人
		合格	不合格	
4	BBU 的保护地线为 6 mm^2 以上的黄绿地线，需要按照要求制作两段地线。A 段地线连接 BBU 和机壳，B 段地线连接机壳和机房室内保护地排。注意，选用合适的铜鼻子和黄色热缩套管。室内接地排上接地，一个接地螺栓只能接一根保护地线。室内接地排上保护接地严禁与其他设备共用接地点			
5	将直流电源线和保护接地线沿机壳左侧前面和上方的绑线孔一起绑扎，直接垂直上水平走线架或进入机壳左侧上方的 PVC 走线槽；直流电源线弯曲时要留有足够的弯曲半径，以避免损坏线缆			
6	RRU 的直流电源线、光纤及其接头等室外电缆应采用铠装电缆或套金属波纹管，各接头做好防水、防潮、防鼠处理；电缆经过的孔洞要进行密封；基站室外布放的光缆需加装 PVC 套管保护；电源线建议套防火 PVC 管，在条件允许的情况下，采用盖式走线槽形式铺放馈线；电源线和光缆可以共用 PVC 管一起布放，而与馈线应分开走线；户外走线不要沿着避雷带走线，且走线时应避免架空飞线			
处理意见：				
施工单位： 签章： 日期：	监理单位： 签章： 日期：	建设单位： 签章： 日期：		

4.2.4 电源线安装检查记录表

电源线安装检查记录表如表 4-4 所示。

表 4-4　电源线安装检查记录表

序号	检查内容	检查结果		检查人
		合格	不合格	
1	电源线与电源分配柜接线端子连接，必须采用铜鼻子与接线端子连接，并且使用螺丝加固，接触良好			
2	电源线、接地线必须使用整段材料。端子型号和线缆直径相符，芯线剪切齐整，不得剪除部分芯线后用小号压线端子压接			
3	电源线、接地线压接应牢固，芯线在端子中不可摇动，电源线、接地线接线端子压接部分应加热缩套管或缠绕至少两层绝缘胶带，不得将裸线和铜鼻子鼻身露于外部			
4	电源线不得与其他电缆混扎在一起，电源线和其他非屏蔽电缆平行走线的间距推荐大于 100 mm，电源线布线应整齐美观，转弯处要有弧度，弯曲半径大于 50 mm（不小于线缆外径的 20 倍），且保持一致			

续表

序号	检查内容	检查结果		检查人
		合格	不合格	
5	压接电源线、工作地线接线端子时，每只螺栓最多压接两个接线端子，且两个端子应交叉摆放，铜鼻子鼻身不得重叠			
处理意见：				
施工单位： 签章： 日期：	监理单位： 签章： 日期：	建设单位： 签章： 日期：		

4.2.5 接地线缆安装检查记录表

接地线缆安装检查记录表如表 4-5 所示。

表 4-5　接地线缆安装检查记录表

序号	检查内容	检查结果		检查人
		合格	不合格	
1	应用整段线料，线径与设计容量相符，布放路由符合工程设计要求，多余长度应裁剪，端子型号和线缆直径相符，芯线剪切齐整，不得剪除部分芯线后用小号压线端子压接			
2	压接应牢固，芯线在端子中不可摇动，接线端子压接部分应加热缩套管或缠绕至少两层绝缘胶带，不得将裸线和铜鼻子鼻身露于外部			
3	线缆的户外部分应采用室外型电缆，或者采用套管等保护措施，电池组的连线正确可靠，接线柱处加绝缘防护			
4	-48V 电源线采用蓝色电缆，GND 工作地线采用黑色电缆，PGND 保护地线采用黄绿色或黄色电缆，绝缘胶带或热缩套管的颜色需和电源线的颜色一致			
5	机架门保护地线连接牢固，没有缺少、松动和脱落等现象，接地铜线端子应采用铜鼻子，使用螺母紧固搭接；地线各连接处应实行可靠搭接和防锈、防腐蚀处理，所有连接到汇接铜排的地线长度在满足布线基本要求的基础上选择最短路			
处理意见：				
施工单位： 签章： 日期：	监理单位： 签章： 日期：	建设单位： 签章： 日期：		

4.2.6 GPS 天线安装检查记录表

GPS 天线安装检查记录表如表 4-6 所示。

表 4-6　GPS 天线安装检查记录表

序号	检查内容	检查结果		检查人
		合格	不合格	
1	安装方式：GPS 天线应通过螺栓紧固安装在配套支杆（GPS 天线厂家提供）上；支杆可通过紧固件固定在走线架或者附墙安装，若无安装条件，则须另立小抱杆供支杆紧固			
2	垂直度要求：GPS 天线必须垂直安装，垂直度各向偏差不得超过 1°			
3	阻挡要求：天线必须安装在较空旷的位置，周围没有高大建筑物阻挡，GPS 应尽量远离楼顶小型附属建筑，上方 90° 范围内（至少南向 45° ）应无建筑物遮挡			
4	GPS 天线安装的位置应高于其附近金属物，与附近金属物水平距离大于等于 1.5 m，两个或多个 GPS 天线安装时要保持 2 m 以上的间距			
5	安装卫星天线的平面的可使用面积越大越好。一般情况下，要保证天线的南向净空。如果周围存在高大建筑物或山峰等遮挡物体，需保证在向南方向上，天线顶部与遮挡物顶部任意连线，该线与天线垂直向上的中轴线之间夹角不小于 60°			
6	为避免反射波的影响，天线应尽量远离周围尺寸大于 200 mm 的金属物 1.5m 以上，在条件许可时尽量大于 2m，注意避免置于基站射频天线主瓣的近距离辐射区域，不要位于微波天线的微波信号下方、高压电缆的下方及电视发射塔的强辐射下。以周边没有大功率的发射设备、没有同频干扰或强电磁干扰为最佳安装位置			
7	防雷接地要求： GPS 天线安装在避雷针 45° 保护角内， GPS 天线的安装支架及抱杆须良好接地			
处理意见：				
施工单位： 签章： 日期：	监理单位： 签章： 日期：	建设单位： 签章： 日期：		

任务实施

根据掌握的 5G 基站验收知识内容，完成 5G 基站设备验收，包括设备安装验收和硬件功能验收。

要求：分组实施；按各验收表格的要求，完成硬件安装检查和硬件功能测试；在各验收表格中记录验收结果，如果有问题，应详细记录问题；验收完成后，各方在验收表格中签字，如果有问题，应详细记录，方便后续整改。

4.2.7 电源测试

电源测试如表 4-7 所示。

表 4-7　电源测试

测试内容	电源测试（开通测试项目）
预置条件	（1）测试过程中严格注意安全，严禁造成接线端子之间或接线端子与机壳之间短路。 （2）电源工作正常，5G 基站同电源连接，电源上电。 （3）所有单板全部加电
验收标准	（1）电源工作稳定，用数字万用表测量的测量值在以下范围内。 直流供电：-57 ～ -40V； 交流供电：140 ～ 300V AC，45 ～ 65Hz。 （2）风机正常运转
测试说明	无
测试结果	
是否通过验收	
测试人员	

4.2.8 硬件功能测试

硬件功能测试如表 4-8 所示。

表 4-8　硬件功能测试

测试内容	BBU 单板测试（开通测试项目）
预置条件	（1）基站各单板指示灯状态正常，后台可正常接入。 （2）选择在刚开通时或话务偏低的时段进行测试。 （3）测试过程中插拔单板时佩戴防静电手环
验收标准	（1）BBU 机架的单板配置齐备，符合要求。 （2）各单板的槽位正确，符合配置规格说明书的要求，且固定到位。 （3）上电启动完成后，各单板的指示灯状态正常
测试说明	无
测试内容	AAU 单板测试（开通测试项目）
预置条件	（1）基站 BBU 各单板指示灯状态正常。 （2）BBU-AAU 接口光纤通信正常。 （3）已经完成数据配置。 （4）选择在刚开通时或话务偏低的时段进行测试
验收标准	（1）AAU 配置齐备，符合要求。 （2）AAU 与射频拉远接口板光口的连接关系与实际扇区相符，且收发连接正确。 （3）上电启动正常后， AAU 处于工作状态
测试说明	无

续表

测试内容	BBU 单板测试（开通测试项目）
测试结果	
是否通过验收	
测试人员	

4.2.9 倒换和再启动测试

倒换和再启动测试如表 4-9 所示。

表 4-9　倒换和再启动测试

测试内容	系统掉电重启测试
预置条件	（1）基站各单板指示灯状态正常。 （2）OMM 已经正确安装并能正常连接前台。 （3）两部已放号的测试手机。 （4）关电前，在该 gNode B 下，小区中有业务进行（选做）。 （5）选择刚开通时或话务偏低的时段进行测试
测试步骤	（1）手动对基站系统进行掉电操作。 （2）1 min 后，给基站上电，一段时间后发起呼叫业务。 （3）关电前后，检查电源指示灯亮灯情况。 （4）加电后，检查各单板指示灯状态是否正常
验收标准	（1）关电后，业务挂断，资源正常释放。 （2）重新上电后，前后台通信恢复正常。 （3）开电一段时间后，重新发起业务正常。 （4）关电时电源指示灯常灭，整机开电时电源指示灯常亮。 （5）加电后各单板的指示灯状态正常
测试说明	无
测试内容	单板再启动测试
预置条件	（1）基站各单板在位，且指示灯状态正常。 （2）OMM 已经正确安装并能正常连接前台。 （3）两部已放号的测试手机，发起语音呼叫并保持。 （4）选择刚开通时或话务偏低的时段进行测试
测试步骤	（1）拔插前台各槽位单板（有主备的同时拔插主板和备板），等各单板启动正常后，重新接入业务。 （2）前台复位各槽位单板（有主备的同时复位主板和备板），等各单板启动正常后，重新接入业务。 （3）在 OMM 上对各个单板进行复位操作，等各单板启动正常后，重新接入业务
验收标准	（1）各单板启动正常后，可重新接入的最长时间小于等于 5 min，成功率为 100%。 （2）单板面板指示灯指示正常
测试说明	无
测试内容	交换板主备倒换测试
预置条件	（1）基站各单板指示灯状态正常。 （2）主备 CC 单板在位。 （3）OMM 已经正确安装并能正常连接前台。 （4）两部已放号的测试手机，发起语音呼叫并保持。 （5）选择刚开通时或话务偏低的时段进行测试

续表

测试内容	系统掉电重启测试
测试步骤	（1）从 OMM 后台使用命令触发主控单板的主备倒换，查看单板上的业务是否保持、M/R 指示灯是否正确。 （2）前台使用主备倒换按钮发起主备倒换，查看单板上的业务是否保持、M/R 指示灯是否正确。 （3）拔出主用单板触发主备倒换，查看单板上的业务是否保持、M/R 指示灯是否正确。 （4）分别从前台和后台复位主控单板触发主备倒换，查看单板上的业务是否保持、M/R 指示灯是否正确
验收标准	（1）主备倒换能够正常进行，倒换前正在进行的业务能够保持。 （2）单板上的 M/R 指示灯能正确指示：常亮表示主用，常灭表示备用
测试说明	无
测试结果	
是否通过验收	
测试人员	

4.2.10 传输中断测试

传输中断测试如表 4-10 所示。

表 4-10　传输中断测试

测试内容	GE 传输中断测试
预置条件	（1）基站各单板指示灯状态正常。 （2）基站 GE 光口传输正常。 （3）业务正常
测试步骤	（1）断开该基站的所有 GE 光口传输，观察传输接口板指示灯状态。 （2）恢复传输，等待 2 min 后，观察传输接口板上的指示灯状态； （3）发起业务测试
验收标准	（1）传输断开时，传输接口板 ALM 灯 5Hz 闪烁。 （2）传输恢复 2 min 后，传输接口板指示灯正常。 （3）传输恢复 2 min 后，可以成功进行业务
测试说明	无
测试结果	
是否通过验收	
测试人员	

4.2.11 设备清点

与客户共同完成对已安装硬件数量、设备余料、设备备件的清点，包括但不限于机柜、BBU、AAU、光纤、光模块、交换板、基带板、电源模块、风扇模块等。

4.2.12 工程规范性检查

1. 检查要点及流程

（1）资料核查：在验收工作开始前的 3 个工作日提供本期工程的规划站点信息及变更信息，发货表信息及变更信息。

（2）告警核查：保证基站开通入网后正常运行且无告警。

（3）资源输入：建设部门在配置管理平台上对基站信息进行输入。

2. 验收测试

按照制作的表格进行测试，并且正确填写。

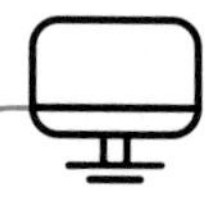

课后复习及难点介绍

5G 基站竣工验收

课后习题

1. 资料核查要求在验收工作开始前多久，并提供什么材料？
2. 工程规范性检查的要点和流程是什么？

任务 3　编制验收资料

课前引导

设备验收检测完成后，就是收尾工作了。这时需要把整个基站建设过程中及验收过程中产生的图纸、表格、文档进行归档，并且编写竣工报告。那么验收资料包括哪些?

问题：验收报告涉及哪几个方面？

答：验收要求、验收资料、验收表格。

任务描述

验收完成后，应对验收资料进行整理归档，并编写验收报告方便后续检查。通过本任务的学习，使学员具备验收资料编制的工作技能。

任务目标

- 能够完成验收资料编制准备。
- 能够完成验收资料签署。
- 能够归档验收资料。

知识准备

5G 基站验收资料包括但不限于：主、配套设备安装检查记录；机房辅助设施检查记录；BBU、AAU 安装检查记录；电源线安装检查记录；接地线缆安装检查记录；天馈系统及线缆布放检查记录；GPS 天线安装检查记录；电源测试记录；硬件功能测试记录；倒换和再启动测试记录；传输中断测试记录。

具体表格内容可参见任务 2。

任务实施

4.3.1 验收资料编制

5G 基站硬件安装及硬件测试完成后，应按要求及时编制验收资料。验收资料应通过所有相关方确认接受。

在验收开始 3 天前，验收资料需编制完成。

除上文提到的验收表格之外，还需准备的验收资料包括设备排列图、线缆布放图、机房各设备机架图、机房交流电供电系统图、机房直流供电系统图、机房保护接地系统图。

此外，5G 基站设备验收一般是整个 5G 基站工程验收的一部分，其他工程类验收资料还包括机房建设检查记录、机房装修检查记录、机房空调检查记录、地埋螺栓检查记录、塔桅安装检查记录、工程完工检查记录等。这不属于本书的内容，不做详细介绍，学员只做大概了解。

4.3.2 验收报告

按照验收过程验收表格，编制竣工验收报告。主要涉及验收要求、验收资料、验收表格几方面。

4.3.3 验收资料签署

5G 基站设备验收完成后，现场由各方进行文件签署。5G 基站设备验收一般是整个 5G 基站工程验收的一部分，除了 5G 设备验收，还可能会进行其他工程类相关验收资料的签署。

4.3.4 归档验收资料

现场验收后，将相关验收资料进行归档，并召开验收总结会，讨论检查各验收文档，总结经验。若有遗留问题，则需与相关责任单位签署遗留问题备忘录，以便后续整改。待全部遗留问题解决后，起草并讨论通过验收报告。

课后复习及难点介绍

课后习题

验收图纸有哪些？

参考文献

［1］黄劲安，区奕宁，董力，等．5G 空口设计与实践进阶［M］．北京：人民邮电出版社，2019.

［2］郭铭，文志成，刘向东．5G 空口特性与关键技术［M］．北京：人民邮电出版社，2019.

［3］中兴文档．5G，看得见的未来，5G 业务应用．

［4］3GPP TS 38.201　NR；Physical layer；General description.

［5］3GPP TS 38.300　NR；Overall description；Stage-2.

［6］3GPP TS 38.321　NR；Medium Access Control（MAC） protocol specification.

［7］3GPP TS 38.322　NR；Radio Link Control（RLC） protocol specification.

［8］3GPP TS 38.323　NR；Packet Data Convergence Protocol（PDCP） specification.

［9］3GPP TS 38.331　NR；Radio Resource Control（RRC）；Protocol specification.

［10］3GPP TS 38.401　NG-RAN；Architecture description.

［11］3GPP TS 38.410　NG-RAN；NG general aspects and principles.

［12］3GPP TS 38.420　NG-RAN；Xn general aspects and principles.

［13］3GPP TS 38.460　NG-RAN；E1 general aspects and principles.

［14］3GPP TS 38.470　NG-RAN；F1 general aspects and principles.

［15］中兴文档　R9105 S26（V1.0）产品描述 _901133.

［16］中兴文档　R9105 S26（V1.0）硬件描述 _901134.

［17］中兴文档　SJ-20190416150805-004-ZXRAN R9105 S26（V1.0）部件更换 _901135.

［18］中兴文档　SJ-20190416150805-003-ZXRAN R9105 S26（V1.0）硬件安装 _922023.

［19］中兴文档　Lib20190428174234-ZXRAN（V2.00.21.01P03）用户手册文档包 _R1.2_884437.